中华人民共和国建设部

市政工程投资估算指标

第八册　集中供热热力网工程

HGZ 47-108-2007

中 国 计 划 出 版 社

北　　京

图书在版编目(CIP)数据

市政工程投资估算指标. 第8册,集中供热热力网工程. HGZ 47-108-2007/建设部标准定额研究所主编. —北京:中国计划出版社,2007.11(2021.4重印)
ISBN 978-7-80242-022-9

Ⅰ.市… Ⅱ.建… Ⅲ.①市政工程—工程造价—估算—中国②集中供热—市政工程—工程造价—估算—中国
Ⅳ.TU723.3 TU995

中国版本图书馆CIP数据核字(2007)第148770号

市政工程投资估算指标
第八册 集中供热热力网工程
HGZ 47-108-2007
建设部标准定额研究所 主编

中国计划出版社出版发行
网址:www.jhpress.com
地址:北京市西城区木樨地北里甲11号国宏大厦C座3层
邮政编码:100038 电话:(010) 63906433(发行部)
三河富华印刷包装有限公司印刷

880mm×1230mm 1/16 10.25印张 292千字
2007年11月第1版 2021年4月第2次印刷
印数6001—7000册

ISBN 978-7-80242-022-9
定价:22.00元

主编部门：中华人民共和国建设部

批准部门：中华人民共和国建设部

执行日期：2007 年 12 月 1 日

建 设 部
关于印发《市政工程投资估算指标》的通知

建标［2007］163号

为合理确定和控制市政工程投资，满足市政建设项目编制项目建议书和可行性研究报告投资估算的需要，我部制定了《市政工程投资估算指标》(《第一册　道路工程》、《第三册　给水工程》、《第七册　燃气工程》、《第八册　集中供热热力网工程》)，编号分别为HGZ 47-101-2007、HGZ 47-103-2007、HGZ 47-107-2007、HGZ 47-108-2007，现印发给你们。自2007年12月1日起施行。我部1996年发布的《全国市政工程投资估算指标》同时废止。

《市政工程投资估算指标》由建设部标准定额研究所组织中国计划出版社出版发行。

请你们认真贯彻执行，并将工作中的问题和建议反馈建设部标准定额司。

中华人民共和国建设部

二〇〇七年六月二十六日

前　　言

根据建设部“关于印发《二〇〇三年工程项目建设标准、投资估算指标、建设项目评价方法与参数编制项目计划》的通知要求”，我部制定了《市政工程投资估算指标》（以下简称《指标》），本《指标》包括《第一册　道路工程》、《第二册　桥梁工程》、《第三册　给水工程》、《第四册　排水工程》、《第五册　防洪堤防工程》、《第六册　隧道工程》、《第七册　燃气工程》、《第八册　集中供热热力网工程》、《第九册　路灯工程》、《第十册　垃圾处理工程》、《第十一册　地铁工程》。2007 年 6 月 26 日我部首先批准了其中四册（第一册、第三册、第七册、第八册）。《指标》的制定发布将对合理确定和控制市政工程投资，满足市政建设项目编制项目建议书和可行性研究报告投资估算的需要起到积极的作用。

本《指标》由建设部标准定额研究所负责管理和解释，请各单位在执行过程中，注意积累资料，认真总结经验，将有关意见及时反馈标准定额研究所。

本《指标》的主编单位、参编单位：

主编单位：建设部标准定额研究所

参编单位：北京市建设工程造价管理处

北京城建设计研究总院有限责任公司

天津市建设工程定额管理研究站

天津市市政工程经济技术定额研究站

上海市建设工程标准定额管理总站

上海市市政工程定额管理站

上海市政工程设计研究总院

上海市隧道工程轨道交通设计研究院

重庆市建设工程造价管理总站

河北省工程建设造价管理总站

辽宁省建设工程造价管理总站

安徽省建设工程造价管理总站

总 说 明

为了合理确定和控制市政工程投资，满足建设项目编制项目建议书和投资估算的需要，提高建设工程投资效果，制定《市政工程投资估算指标》（以下简称本指标）。

一、本指标依据建设部“关于印发《二〇〇三年工程项目建设标准、投资估算指标、建设项目评价方法与参数编制项目计划》的通知”下达的编制计划，以现行全国市政工程设计标准、质量验收规范和建设部、财政部“关于印发《建筑安装工程费用项目组成》的通知”（建标〔2003〕206 号）、《建设项目总投资及其他费用项目组成规定》（送审稿），以及预算定额、工期定额为依据，在《全国市政工程投资估算指标》（1996 年）的基础上，结合近年有代表性的已竣工典型工程项目的相关资料进行编制。

二、本指标适用于新建、改建、扩建的市政工程项目。

三、本指标是建设项目建议书、可行性研究报告阶段编制投资估算的依据；是多方案比选、优化设计、合理确定投资的基础；是开展项目评价、控制初步设计概算、推行限额设计的参考。

四、本指标共十一册。包括《第一册　道路工程》、《第二册　桥梁工程》、《第三册　给水工程》、《第四册　排水工程》、《第五册　防洪堤防工程》、《第六册　隧道工程》、《第七册　燃气工程》、《第八册　集中供热热力网工程》、《第九册　路灯工程》、《第十册　垃圾处理工程》、《第十一册　地铁工程》。

五、本指标分综合指标和分项指标。综合指标包括建筑安装工程费、设备购置费、工程建设其他费用、基本预备费；分项指标包括建筑安装工程费、设备购置费。

（一）建筑安装工程费由直接费和综合费用组成。直接费由人工费、材料费、机械费组成。将《建筑安装工程费用项目组成》中的措施费（环境保护、文明施工、安全施工、临时设施、夜间施工的内容）按比例（见费率取定表）分别摊入人工费、材料费和机械费。二次搬运、大型机械设备进出场及安装拆除、混凝土和钢筋混凝土模板及支架、脚手架编入直接工程费。综合费用由间接费、利润和税金组成。

（二）设备购置费依据设计文件规定，其价格由设备原价+设备运杂费组成，设备运杂费指除设备原价之外的设备采购、运输、包装及仓库保管等方面支出费用的总和。

（三）工程建设其他费用包括：建设管理费、可行性研究费、研究试验费、勘察设计费、环境影响评价费、场地准备及临时设施费、工程保险费、联合试运转费、生产准备及开办费。按国家现行有关统一规定程序计算。

（四）预备费包括基本预备费和价差预备费。基本预备费系指在投资估算阶段不可预见的工程费用。

六、本指标的编制期价格、费率取定：

（一）价格取定。人工工资综合单价按北京地区 2004 年 31.03 元/工日；材料价格、机械台班单价按北京地区 2004 年价格。

（二）费率取定。

1. 将措施费分别摊入人工费、材料费和机械费。措施费费率见下表。

项目	道路	桥梁	给水	排水	防洪堤防	隧道		燃气	热力	路灯
						岩石	软土			
费率（%）	4.10	4.40	6.00	6.00	4.00	5.08	5.08	6.00	4.00	4.00

计费基数：人工费+材料费+机械费。

分摊比例：其中人工费 8% ，材料费 87%，机械费 5%，分别按比例计算。

2. 综合费用费率见下表。

项目	道路	桥梁	给水	排水	防洪堤防	隧道		燃气	热力	路灯
						岩石	软土			
费率（%）	22.78	22.90	21.30	21.30	21.00	27.68	27.68	21.30	21.30	21.00

计费基数：估算指标直接费。

3. 工程建设其他费用费率。工程建设其他费用费率按 10%～15%确定。具体数值由各册根据专业以及国家规定的收费标准测算确定，并在册说明中说明。

计费基数：建筑安装工程费+设备购置费。

4. 基本预备费费率按 8%确定。

计费基数：建筑安装工程费+设备购置费+工程建设其他费用。

5.《第十册　垃圾处理工程》、《第十一册　地铁工程》的费率见分册说明。

七、本指标计算程序见下表。

综合指标计算程序

序号	项　目	取费基数及计算式
	指标基价	一+二+三+四
一	建筑安装工程费	4+5
1	人工费小计	—
2	材料费小计	—
3	机械费小计	—
4	直接费小计	1+2+3
5	综合费用	4×综合费用费率
二	设备购置费	原价+设备运杂费
三	工程建设其他费用	（一+二）×工程建设其他费用费率
四	基本预备费	（一+二+三）×8%

分项指标计算程序

序号	项　目	取费基数及计算式
	指标基价	一+二
一	建筑安装工程费	（四）+（五）
1	人工费	—
2	措施费分摊	（1+3+5）×措施费费率×8%
（一）	人工费小计	1+2
3	材料费	—
4	措施费分摊	（1+3+5）×措施费费率×87%
（二）	材料费小计	3+4
5	机械费	—
6	措施费分摊	（1+3+5）×措施费费率×5%
（三）	机械费小计	5+6
（四）	直接费小计	（一）+（二）+（三）
（五）	综合费用	（四）×综合费用费率
二	设备购置费	原价+设备运杂费

八、本指标的使用。本指标中的人工、材料、机械费的消耗量原则上不作调整。使用本指标时可按指标消耗量及工程所在地当时当地市场价格并按照规定的计算程序和方法调整指标，费率可参照指标确定，也可按各级建设行政主管部门发布的费率调整。

具体调整办法如下：

（一）建筑安装工程费的调整。

1. 人工费：以指标人工工日数乘以当时当地造价管理部门发布的人工单价确定。

2. 材料费：以指标主要材料消耗量乘以当时当地造价管理部门发布的相应材料价格确定。

$$\text{其他材料费}=\text{指标其他材料费}\times\frac{\text{调整后的主要材料费}}{\text{指标（材料费小计}-\text{其他材料费}-\text{材料费中措施费分摊）}}$$

3. 机械费：列出主要机械台班消耗量的调整方式：以指标主要机械台班消耗量乘以当时当地造价管理部门发布的相应机械台班价格确定。

$$\text{其他机械费}=\text{指标其他机械费}\times\frac{\text{调整后的主要机械费}}{\text{指标（机械费小计}-\text{其他机械费}-\text{机械费中措施费分摊）}}$$

未列出主要机械台班消耗量的调整方式：

$$\text{机械费}=\text{指标机械费}\times\frac{\text{调整后的（人工费}+\text{材料费）}}{\text{指标（人工费}+\text{材料费）}}$$

4. 直接费：调整后的直接费为调整后的人工费、材料费、机械费之和。

5. 综合费用：综合费用的调整应按当时当地不同工程类别的综合费率计算。计算公式如下：

综合费用=调整后的直接费×当时当地的综合费率

6. 建筑安装工程费：

建筑安装工程费=调整后的（直接费+综合费用）

（二）设备购置费的调整。指标中列有设备购置费的，按主要设备清单，采用当时当地的设备价格或上涨幅度进行调整。

（三）工程建设其他费用的调整。工程建设其他费用的调整，按国家规定的不同工程类别的工程建设其他费用费率计算。计算公式如下：

工程建设其他费用=调整后的（建筑安装工程费+设备购置费）
× 国家规定的工程建设其他费用费率

（四）基本预备费的调整。

基本预备费=调整后的（建筑安装工程费+设备购置费+工程建设其他费用）
×基本预备费费率

（五）指标基价的调整。

指标基价=调整后的（建筑安装工程费+设备购置费+工程建设其他费用
+基本预备费）

九、建设项目投资估算编制。编制建设项目投资估算，应按上述办法调整。指标中未列费用可根据有关规定调整。

十、本指标中指标编号为“×Z-×××”或“×F-×××”，除注明用英文字母表示外，均用阿拉伯数字表示。

其中：“-”线前部分×表示分册，Z 表示综合指标，F 表示分项指标；

“-”线后部分×××表示划分序号，同一部分顺序编号。

十一、本指标中注明“××以内”或“××以下”者，均包括××本身；而注明“××以外”或“××以上”者，均不包括××本身。

册说明

一、《市政工程投资估算指标》第八册“集中供热热力网工程”（以下简称本册估算指标），是根据集中供热工程国家设计规范、设计手册、标准图集，沈阳市热力工程设计研究院定型标准图纸，以及近年来全国各地区有代表性的集中供热热力网工程初步设计施工图和施工组织设计方案，经研究分析后进行编制的。

二、本册估算指标适用于利用热电厂、焦化厂、钢铁厂等循环冷却及废热锅炉热水为热源进行集中供热的输送介质为纯净热水或蒸汽的城镇集中供热工程，也适用于小区采用大型锅炉房（单台锅炉10t/h以上或集中供热面积10万m^2以上，包括10万m^2）为热源的集中供热工程。

三、本册估算指标是编制供热工程建设项目建议书、可行性研究报告阶段投资估算的依据，是多方案比选、优化设计、合理确定投资的基础；是开展项目评价、控制初步设计概算、推行限额设计的参考。

四、本册估算指标分为三个部分：

1．综合指标：反映各项热力网工程的综合投资指标。

2．分项指标：反映工程分项投资指标。

3．附录：包括指标工程量含量，主要材料、机械、设备价格及指标应用案例。

五、综合指标分为民用热水网、民用及工业综合管网两大类。综合指标包括建筑安装工程费、设备购置费、工程建设其他费用、基本预备费。综合指标不包括路面修复费。编制项目估算时，应根据情况及当地有关规定增列。

六、分项指标分为土建工程、管道安装工程、阀门井室工程、热力站及中继泵站工程四大类。分项指标包括建筑安装工程费、设备购置费。关于热力网微机自动控制系统工程投资，因各种工程控制水平相差较大，故本册估算指标未列入该工程投资。

七、基础数据：

1．供热介质参数：

热水网供水温度：120～150℃；

回水温度：60～90℃；

蒸汽网过热蒸汽温度：270～300℃。

2．主要材料选用：钢管*DN*250以上为螺旋钢管，*DN*200以下为无缝钢管；补偿器为套筒补偿器、波纹补偿器、U型及自然补偿；保温材料为聚氨酯、玻璃棉、岩棉；阀门选用蝶阀；钢材包括钢筋和管道支架等（主要材料价格参见附录二）。

目　　录

1 综合指标

说　明

一、综合指标划分为民用热水网、民用及工业综合管网两大类。

1. 民用热水网为直埋敷设、间接连接以不同规模供热面积为单位。

2. 民用及工业综合管网为直埋敷设、间接连接以不同规模供热面积为单位。

3. 民用及工业综合管网为直埋及地沟敷设、间接连接以不同规模供热面积为单位。

二、编制依据。综合指标应用分项指标中的子目：

(一) 直埋敷设、间接连接、民用热水网：

1. 热水管道（有补偿）直埋土方、机械挖土。

2. 热水管道、预制保温管、波纹补偿器补偿。

3. 热水热力站（板式换热器）。

(二) 直埋敷设、间接连接、民用及工业综合管网：

1. 热水管道（有补偿）直埋土方、机械挖土。

2. 热水管道、预制保温管、波纹补偿器补偿。

3. 蒸汽管道、直埋式钢套钢预制保温管、波纹补偿器补偿。

4. 热水热力站（板式换热器）。

(三) 直埋及地沟敷设、间接连接、民用及工业综合管网：

1. 热水管道（有补偿）直埋土方、机械挖土。

2. 热水管道、预制保温管、波纹补偿器补偿。

3. 半通行砖砌及素混凝土地沟。

4. 蒸汽管道、岩棉保温、波纹补偿器补偿。

5. 热水热力站（板式换热器）。

三、综合指标工程量。综合指标工程量含量（详见附录一：附表 1-1、附表 1-2）的测定是按各种典型工程的工程量平均值测算的，如热负荷较分散、供热半径较大时，应适当增加工程量。

四、其他费用系数的取定。

1. 工程建设其他费用按10%计算。

2. 基本预备费按8%计算。

1.1 直埋敷设、间接连接、民用热水网

工程内容：挖土、填砂、回填土，管道及管件、补偿器安装，热力站工艺、电气、自控、建筑全部工程的设备购置费、安装工程费、建筑工程费。

单位：万 m^2

指标编号				8Z-001		8Z-002	
项目			单位	供热规模（建筑面积）万 m^2			
				100	占指标基价（%）	200	占指标基价（%）
指标基价			元	61697130	100.00	90521363	100.00
一、建筑安装工程费			元	46462291	75.31	66965653	73.98
二、设备购置费			元	5471320	8.87	9230780	10.20
三、工程建设其他费用			元	5193361	8.42	7619643	8.42
四、基本预备费			元	4570158	7.41	6705286	7.41
建筑安装工程费							
直接费	人工费	人工	工日	63186	—	90350	—
		措施费分摊	元	117666	—	170001	—
		人工费小计	元	2078328	3.37	2973561	3.28
	材料费	钢筋 ϕ10 以内	t	46.14	—	66.18	—
		钢筋 ϕ10 以上	t	31.70	—	45.34	—
		水泥	t	645.00	—	976.65	—
		标准砖	千块	633.84	—	944.67	—
		钢材	t	27.36	—	39.48	—
		热水预制保温管	m	36864.00	—	49152.00	—
		补偿器	个	468.00	—	600.00	—
		热力站管道	元	238118	—	445928	—
		阀门及法兰	元	168890	—	269775	—
		电缆	元	212168	—	328583	—
		其他材料费	元	6771876	—	9858915	—
		措施费分摊	元	1281706	—	1847315	—
		材料费小计	元	34780120	56.37	50155356	55.41
	机械费	自卸汽车 5t	台班	1708.00	—	2426.00	—
		履带式推土机	台班	154.00	—	212.00	—
		直流弧焊机 20kW	台班	1934.00	—	2727.00	—
		其他机械费	元	567619	—	834450	—
		措施费分摊	元	73652	—	106171	—
		机械费小计	元	1445172	2.34	2077722	2.30
	直接费小计		元	38303620	—	55206639	—
综合费用			元	8158671	13.22	11759014	12.99
合计			元	46462291	—	66965653	—

工程内容： 挖土、填砂、回填土，管道及管件、补偿器安装，热力站工艺、电气、自控、建筑全部工程的设备购置费、安装工程费、建筑工程费。

单位：万 m^2

指标编号				8Z-003		8Z-004	
项目			单位	供热规模（建筑面积）万 m^2			
				300	占指标基价（%）	400	占指标基价（%）
指标基价			元	115469173	100.00	151858325	100.00
一、建筑安装工程费			元	84180894	72.90	109616633	72.18
二、设备购置费			元	13015380	11.27	18210240	11.99
三、工程建设其他费用			元	9719627	8.42	12782687	8.42
四、基本预备费			元	8553272	7.41	11248765	7.41
建筑安装工程费							
直接费	人工费	人工	工日	113782	—	151402	—
		措施费分摊	元	214131	—	278300	—
		人工费小计	元	3744786	3.24	4976304	3.28
	材料费	钢筋 ϕ10 以内	t	86.18	—	127.99	—
		钢筋 ϕ10 以上	t	58.98	—	87.67	—
		水泥	t	1289.25	—	1744.24	—
		标准砖	千块	1254.86	—	1834.34	—
		钢材	t	49.56	—	60.21	—
		热水预制保温管	m	57344.00	—	67584.00	—
		补偿器	个	672.00	—	792.00	—
		热力站管道	元	655912	—	897537	—
		阀门及法兰	元	373986	—	535719	—
		电缆	元	443160	—	642513	—
		其他材料费	元	12541298	—	17037795	—
		措施费分摊	元	2322220	—	3023868	—
		材料费小计	元	63039563	54.59	82002764	54.00
	机械费	自卸汽车 5t	台班	3003.00	—	3771.00	—
		履带式推土机	台班	256.00	—	313.00	—
		直流弧焊机 20kW	台班	3363.00	—	4558.00	—
		其他机械费	元	1077776	—	1435144	—
		措施费分摊	元	133484	—	173801	—
		机械费小计	元	2614574	2.26	3389137	2.23
	直接费小计		元	69398923	—	90368205	—
综合费用			元	14781971	12.8	19248428	12.68
合计			元	84180894	—	109616633	—

工程内容： 挖土、填砂、回填土，管道及管件、补偿器安装，热力站工艺、电气、自控、建筑全部工程的设备购置费、安装工程费、建筑工程费。

单位：万 m^2

指标编号				8Z-005		8Z-006	
项目			单位	供热规模（建筑面积）万 m^2			
				500	占指标基价（%）	600	占指标基价（%）
指标基价			元	186010872	100.00	223916872	100.00
一、建筑安装工程费			元	133235248	71.63	160824236	71.82
二、设备购置费			元	23339560	12.55	27657980	12.35
三、工程建设其他费用			元	15657481	8.42	18848222	8.42
四、基本预备费			元	13778583	7.41	16586435	7.41
建筑安装工程费							
直接费	人工费	人工	工日	188588	—	224552	—
		措施费分摊	元	338300	—	407782	—
		人工费小计	元	6190186	3.33	7375631	3.30
	材料费	钢筋 ϕ10 以内	t	169.80	—	198.51	—
		钢筋 ϕ10 以上	t	116.36	—	136.02	—
		水泥	t	2220.98	—	2601.07	—
		标准砖	千块	2414.42	—	2833.36	—
		钢材	t	72.80	—	84.15	—
		热水预制保温管	m	81920.00	—	92160.00	—
		补偿器	个	960.00	—	1080.00	—
		热力站管道	元	1127364	—	1340704	—
		阀门及法兰	元	693058	—	812990	—
		电缆	元	839606	—	984364	—
		其他材料费	元	20462657	—	24667870	—
		措施费分摊	元	3675410	—	4436450	—
		材料费小计	元	99514908	53.50	120249082	53.70
	机械费	自卸汽车 5t	台班	4548.00	—	5406.00	—
		履带式推土机	台班	379.00	—	441.00	—
		直流弧焊机 20kW	台班	5504.00	—	6878.00	—
		其他机械费	元	1775475	—	2134061	—
		措施费分摊	元	211250	—	254974	—
		机械费小计	元	4134352	2.22	4959158	2.21
	直接费小计		元	109839446	—	132583871	—
综合费用			元	23395802	12.58	28240365	12.61
合　计			元	133235248	—	160824236	—

工程内容：挖土、填砂、回填土，管道及管件、补偿器安装，热力站工艺、电气、自控、建筑全部工程的设备购置费、安装工程费、建筑工程费。

单位：万 m^2

指标编号				8Z-007		8Z-008	
项目			单位	供热规模（建筑面积）万 m^2			
				700	占指标基价（%）	800	占指标基价（%）
指标基价			元	267647585	100.00	310174432	100.00
一、建筑安装工程费			元	192697100	72.00	224808309	72.48
二、设备购置费			元	32595480	12.18	36281280	11.70
三、工程建设其他费用			元	22529258	8.42	26108959	8.42
四、基本预备费			元	19825747	7.41	22975884	7.41
建筑安装工程费							
直接费	人工费	人工	工日	267948	—	301329	—
		措施费分摊	元	488587	—	570466	—
		人工费小计	元	8803013	3.29	9920705	3.20
	材料费	钢筋 ϕ10 以内	t	235.94	—	255.98	—
		钢筋 ϕ10 以上	t	161.70	—	175.34	—
		水泥	t	3087.06	—	3591.81	—
		标准砖	千块	3358.45	—	3668.64	—
		钢材	t	100.98	—	132.00	—
		热水预制保温管	m	110592.00	—	122880.00	—
		补偿器	个	1296.00	—	1440.00	—
		热力站管道	元	1575466	—	1791754	—
		阀门及法兰	元	966159	—	1071582	—
		电缆	元	1166351	—	1283883	—
		其他材料费	元	29523577	—	33305036	—
		措施费分摊	元	5315685	—	6201516	—
		材料费小计	元	144117997	53.85	168623998	54.36
	机械费	自卸汽车 5t	台班	6487.00	—	7639.00	—
		履带式推土机	台班	529.00	—	609.00	—
		直流弧焊机 20kW	台班	8250.00	—	9117.00	—
		其他机械费	元	2549549	—	2847487	—
		措施费分摊	元	305507	—	356421	—
		机械费小计	元	5938924	2.22	6787786	2.19
	直接费小计		元	158859934	—	185332489	—
综合费用			元	33837166	12.64	39475820	12.73
合计			元	192697100	—	224808309	—

工程内容：挖土、填砂、回填土，管道及管件、补偿器安装，热力站工艺、电气、自控、建筑全部工程的设备购置费、安装工程费、建筑工程费。

单位：万 m^2

指标编号			单位	8Z-009		8Z-010	
项目			单位	供热规模（建筑面积）万 m^2			
				900	占指标基价（%）	1000	占指标基价（%）
指标基价			元	379325731	100.00	475557140	100.00
一、建筑安装工程费			元	278612793	73.45	354624223	74.57
二、设备购置费			元	40684960	10.73	45676400	9.60
三、工程建设其他费用			元	31929775	8.42	40030062	8.42
四、基本预备费			元	28098202	7.41	35226455	7.41
建筑安装工程费							
直接费	人工费	人工	工日	361222	—	438178	—
		措施费分摊	元	707034	—	900684	—
		人工费小计	元	11915753	3.14	14497347	3.05
	材料费	钢筋 ϕ10 以内	t	284.70	—	322.12	—
		钢筋 ϕ10 以上	t	195.00	—	220.68	—
		水泥	t	4185.44	—	5137.08	—
		标准砖	千块	4084.98	—	4612.71	—
		钢材	t	166.65	—	232.76	—
		热水预制保温管	m	153600.00	—	188416.00	—
		补偿器	个	1800.00	—	2208.00	—
		热力站管道	元	2023160	—	2243176	—
		阀门及法兰	元	1209030	—	1344539	—
		电缆	元	1435689	—	1611771	—
		其他材料费	元	41250445	—	49888434	—
		措施费分摊	元	7685756	—	9782621	—
		材料费小计	元	209407768	55.21	267411593	56.23
	机械费	自卸汽车 5t	台班	9585.00	—	12374.00	—
		履带式推土机	台班	763.00	—	966.00	—
		直流弧焊机 20kW	台班	11317.00	—	13777.00	—
		其他机械费	元	3435792	—	4153687	—
		措施费分摊	元	441727	—	562243	—
		机械费小计	元	8365509	2.21	10444088	2.20
	直接费小计		元	229689030	—	292353028	—
综合费用			元	48923763	12.90	62271195	13.09
合　计			元	278612793	—	354624223	—

1.2 直埋敷设、间接连接、民用及工业综合管网

工程内容：挖土、填砂、回填土，管道及管件、补偿器安装，热力站工艺、电气、自控、建筑全部工程的设备购置费、安装工程费、建筑工程费。

单位：万 m^2

指标编号				8Z-011		8Z-012	
项目			单位	供热规模（建筑面积）万 m^2			
				100	占指标基价（%）	200	占指标基价（%）
指标基价			元	55555025	100.00	81423476	100.00
一、建筑安装工程费			元	42404569	76.33	60428600	74.22
二、设备购置费			元	4358920	7.85	8109680	9.96
三、工程建设其他费用			元	4676349	8.42	6853828	8.42
四、基本预备费			元	4115187	7.41	6031369	7.41
建筑安装工程费							
直接费	人工费	人工	工日	54382	—	79587	—
		措施费分摊	元	107398	—	153135	—
		人工费小计	元	1794871	3.23	2622733	3.22
	材料费	钢筋 ϕ10 以内	t	36.92	—	61.06	—
		钢筋 ϕ10 以上	t	25.36	—	41.85	—
		水泥	t	543.85	—	859.43	—
		标准砖	千块	507.32	—	862.25	—
		钢材	t	24.77	—	33.40	—
		热水预制保温管	m	28672.00	—	38912.00	—
		蒸汽预制保温管	m	4096.00	—	5120.00	—
		补偿器（热水/蒸汽）	个	364/68	—	494/75	—
		热力站管道	元	187700	—	367381	—
		阀门及法兰	元	133568	—	240902	—
		电缆	元	169650	—	297062	—
		其他材料费	元	5742172	—	8254605	—
		措施费分摊	元	1169766	—	1666976	—
		材料费小计	元	31913618	57.45	45435964	55.80
	机械费	自卸汽车 5t	台班	1505.00	—	2061.00	—
		履带式推土机	台班	140.00	—	190.00	—
		直流弧焊机 20kW	台班	1613.00	—	2254.00	—
		其他机械费	元	477955	—	695873	—
		措施费分摊	元	67220	—	95795	—
		机械费小计	元	1249936	2.25	1758780	2.16
	直接费小计		元	34958424	—	49817477	—
综合费用			元	7446144	13.40	10611123	13.03
合计			元	42404569	—	60428600	—

工程内容： 挖土、填砂、回填土，管道及管件、补偿器安装，热力站工艺、电气、自控、建筑全部工程的设备购置费、安装工程费、建筑工程费。

单位：万 m^2

指标编号				8Z-013		8Z-014	
项目			单位	供热规模（建筑面积）万 m^2			
				300	占指标基价（%）	400	占指标基价（%）
指标基价			元	117670763	100.00	149194595	100.00
一、建筑安装工程费			元	86852484	73.81	109325436	73.28
二、设备购置费			元	12196980	10.37	16259240	10.90
三、工程建设其他费用			元	9904946	8.42	12558468	8.42
四、基本预备费			元	8716353	7.41	11051452	7.41
建筑安装工程费							
直接费	人工费	人工	工日	110852	—	141021	—
		措施费分摊	元	220557	—	278046	—
		人工费小计	元	3660294	3.11	4653919	3.12
	材料费	钢筋 ϕ10 以内	t	85.42	—	117.99	—
		钢筋 ϕ10 以上	t	58.50	—	80.85	—
		水泥	t	1243.11	—	1639.25	—
		标准砖	千块	1226.21	—	1679.15	—
		钢材	t	48.09	—	60.32	—
		热水预制保温管	m	49152.00	—	57344.00	—
		蒸汽预制保温管	m	8192.00	—	10240.00	—
		补偿器（热水/蒸汽）	个	600/120	—	672/150	—
		热力站管道	元	591214	—	777609	—
		阀门及法兰	元	357537	—	483414	—
		电缆	元	429216	—	584002	—
		其他材料费	元	11642287	—	14909606	—
		措施费分摊	元	2395905	—	3015847	—
		材料费小计	元	65461929	55.63	82347552	55.19
	机械费	自卸汽车 5t	台班	2879.00	—	3570.00	—
		履带式推土机	台班	259.00	—	314.00	—
		直流弧焊机 20kW	台班	3101.00	—	3850.00	—
		其他机械费	元	997054	—	1289573	—
		措施费分摊	元	137700	—	173348	—
		机械费小计	元	2479165	2.11	3126671	2.10
	直接费小计		元	71601388	—	90128142	—
综合费用			元	15251096	12.96	19197294	12.87
合计			元	86852484	—	109325436	—

工程内容：挖土、填砂、回填土，管道及管件、补偿器安装，热力站工艺、电气、自控、建筑全部工程的设备购置费、安装工程费、建筑工程费。

单位：万 m^2

指标编号				8Z-015		8Z-016	
项目			单位	供热规模（建筑面积）万 m^2			
				500	占指标基价（%）	600	占指标基价（%）
指标基价			元	189655992	100.00	221788938	100.00
一、建筑安装工程费			元	138810731	73.19	161474706	72.81
二、设备购置费			元	20832360	10.98	25216320	11.37
三、工程建设其他费用			元	15964309	8.42	18669103	8.42
四、基本预备费			元	14048592	7.41	16428810	7.41
建筑安装工程费							
直接费	人工费	人工	工日	181042	—	212333	—
		措施费分摊	元	353032	—	410117	—
		人工费小计	元	5970779	3.15	6998824	3.16
	材料费	钢筋 ϕ10 以内	t	155.19	—	183.90	—
		钢筋 ϕ10 以上	t	106.37	—	126.03	—
		水泥	t	2112.92	—	2470.75	—
		标准砖	千块	2195.97	—	2614.31	—
		钢材	t	76.63	—	85.71	—
		热水预制保温管	m	73728.00	—	81920.00	—
		蒸汽预制保温管	m	12288.00	—	12288.00	—
		补偿器（热水/蒸汽）	个	864/180	—	960/180	—
		热力站管道	元	982227	—	1207365	—
		阀门及法兰	元	623092	—	747418	—
		电缆	元	759836	—	906854	—
		其他材料费	元	19112890	—	22656389	—
		措施费分摊	元	3829228	—	4454412	—
		材料费小计	元	104473218	55.09	121447005	54.76
	机械费	自卸汽车 5t	台班	4542.00	—	5228.00	—
		履带式推土机	台班	399.00	—	448.00	—
		直流弧焊机 20kW	台班	4923.00	—	6035.00	—
		其他机械费	元	1654045	—	1961716	—
		措施费分摊	元	220100	—	256020	—
		机械费小计	元	3991890	2.10	4674291	2.11
	直接费小计		元	114435887	—	133120120	—
综合费用			元	24374844	12.85	28354586	12.78
合计			元	138810731	—	161474706	—

工程内容：挖土、填砂、回填土，管道及管件、补偿器安装，热力站工艺、电气、自控、建筑全部工程的设备购置费、安装工程费、建筑工程费。

单位：万 m^2

指标编号				8Z-017		8Z-018	
项目			单位	供热规模（建筑面积）万 m^2			
				700	占指标基价（%）	800	占指标基价（%）
指标基价			元	268096476	100.00	308558758	100.00
一、建筑安装工程费			元	195864654	73.06	227216574	73.64
二、设备购置费			元	29805780	11.12	32513020	10.54
三、工程建设其他费用			元	22567043	8.42	25972959	8.42
四、基本预备费			元	19858998	7.41	22856204	7.41
建筑安装工程费							
直接费	人工费	人工	工日	253940	—	288176	—
		措施费分摊	元	497540	—	576427	—
		人工费小计	元	8377291	3.12	9518521	3.08
	材料费	钢筋 ϕ10 以内	t	216.99	—	231.87	—
		钢筋 ϕ10 以上	t	148.70	—	158.85	—
		水泥	t	2951.22	—	3232.07	—
		标准砖	千块	3086.25	—	3313.57	—
		钢材	t	104.83	—	118.45	—
		热水预制保温管	m	98304.00	—	110592.00	—
		蒸汽预制保温管	m	14336.00	—	14336.00	—
		补偿器（热水/蒸汽）	个	1152/210	—	1296/210	—
		热力站管道	元	1421292	—	1591079	—
		阀门及法兰	元	884303	—	964578	—
		电缆	元	1071053	—	1157671	—
		其他材料费	元	27159366	—	31660429	—
		措施费分摊	元	5403086	—	6267923	—
		材料费小计	元	147458371	55.00	171252370	55.50
	机械费	自卸汽车 5t	台班	6322.00	—	7352.00	—
		履带式推土机	台班	540.00	—	614.00	—
		直流弧焊机 20kW	台班	7277.00	—	8884.00	—
		其他机械费	元	2357194	—	2714716	—
		措施费分摊	元	310541	—	360229	—
		机械费小计	元	5635611	2.10	6546977	2.12
	直接费小计		元	161471273	—	187317868	—
综合费用			元	34393381	12.83	39898706	12.93
合计			元	195864654	—	227216574	—

工程内容：挖土、填砂、回填土，管道及管件、补偿器安装，热力站工艺、电气、自控、建筑全部工程的设备购置费、安装工程费、建筑工程费。

单位：万 m^2

指标编号				8Z-019		8Z-020	
项目			单位	供热规模（建筑面积）万 m^2			
				900	占指标基价（%）	1000	占指标基价（%）
指标基价			元	370515509	100.00	471835062	100.00
一、建筑安装工程费			元	275586781	74.38	355684360	75.38
二、设备购置费			元	36294960	9.80	41483200	8.79
三、工程建设其他费用			元	31188174	8.42	39716756	8.42
四、基本预备费			元	27445593	7.41	34950745	7.41
建筑安装工程费							
直接费	人工费	人工	工日	341591	—	415055	—
		措施费分摊	元	699106	—	903251	—
		人工费小计	元	11298671	3.05	13782406	2.92
	材料费	钢筋 ϕ10 以内	t	255.98	—	301.88	—
		钢筋 ϕ10 以上	t	175.34	—	206.88	—
		水泥	t	3715.78	—	4798.82	—
		标准砖	千块	3667.25	—	4292.68	—
		钢材	t	145.26	—	220.93	—
		热水预制保温管	m	137216.00	—	161792.00	—
		蒸汽预制保温管	m	16384.00	—	16384.00	—
		补偿器（热水/蒸汽）	个	1608/240	—	1896/232	—
		热力站管道	元	1785478	—	1966154	—
		阀门及法兰	元	1079971	—	1234488	—
		电缆	元	1285958	—	1490218	—
		其他材料费	元	38155638	—	46782852	—
		措施费分摊	元	7602248	—	9811860	—
		材料费小计	元	207952351	56.13	269504626	57.12
	机械费	自卸汽车 5t	台班	9038.00	—	11919.00	—
		履带式推土机	台班	753.00	—	943.00	—
		直流弧焊机 20kW	台班	10892.00	—	12772.00	—
		其他机械费	元	3241186	—	3885161	—
		措施费分摊	元	436916	—	563915	—
		机械费小计	元	7943357	2.14	9939976	2.11
	直接费小计		元	227194379	—	293227008	—
综合费用			元	48392403	13.06	62457353	13.24
合计			元	275586781	—	355684360	—

1.3 直埋及地沟敷设、间接连接、民用及工业综合管网

工程内容： 挖土、填砂、回填土，管道及管件、补偿器安装，热力站工艺、电气、自控、建筑全部工程的设备购置费、安装工程费、建筑工程费。

单位：万 m^2

指标编号				8Z-021		8Z-022	
项目			单位	供热规模（建筑面积）万 m^2			
				100	占指标基价（%）	200	占指标基价（%）
指标基价			元	53972686	100.00	77955703	100.00
一、建筑安装工程费			元	41072634	76.10	57509599	73.77
二、设备工器具购置费			元	4358920	8.08	8109680	10.40
三、工程建设其他费用			元	4543155	8.42	6561928	8.42
四、基本预备费			元	3997977	7.41	5774497	7.41
建筑安装工程费							
直接费	人工费	人工	工日	78986	—	113579	—
		措施费分摊	元	104028	—	145584	—
		人工费小计	元	2554964	4.73	3669940	4.71
	材料费	钢筋 ϕ10 以内	t	36.92	—	61.06	—
		钢筋 ϕ10 以上	t	25.36	—	41.85	—
		水泥	t	1420.70	—	2044.69	—
		标准砖	千块	507.32	—	862.25	—
		钢材	t	85.12	—	115.73	—
		预制保温管	m	28672.00	—	38912.00	—
		蒸汽管道	m	4060.00	—	5120.00	—
		保温	m^3	500.00	—	815.00	—
		补偿器（热水/蒸汽）	个	364/60	—	494/75	—
		热力站管道	元	187700	—	367381	—
		阀门及法兰	元	133568	—	240902	—
		电缆	元	169650	—	297062	—
		其他材料费	元	6499627	—	9211345	—
		措施费分摊	元	1133024	—	1586455	—
		材料费小计	元	29858932	55.32	41705820	53.50
	机械费	自卸汽车 5t	台班	1933.00	—	2669.00	—
		履带式推土机	台班	145.00	—	199.00	—
		直流弧焊机 20kW	台班	1620.00	—	2269.00	—
		其他机械费	元	525602	—	760987	—
		措施费分摊	元	65110	—	91165	—
		机械费小计	元	1446478	2.68	2035286	2.61
	直接费小计		元	33860374	—	47411046	—
综合费用			元	7212260	13.36	10098553	12.95
合计			元	41072634	—	57509599	—

工程内容： 挖土、填砂、回填土，管道及管件、补偿器安装，热力站工艺、电气、自控、建筑全部工程的设备购置费、安装工程费、建筑工程费。

单位：万 m^2

指标编号				8Z-023		8Z-024	
项目			单位	供热规模（建筑面积）万 m^2			
				300	占指标基价（%）	400	占指标基价（%）
指标基价			元	114237267	100.00	140431722	100.00
一、建筑安装工程费			元	83962335	73.50	101949280	72.60
二、设备工器具购置费			元	12196980	10.68	16259240	11.58
三、工程建设其他费用			元	9615932	8.42	11820852	8.42
四、基本预备费			元	8462020	7.41	10402350	7.41
建筑安装工程费							
直接费	人工费	人工	工日	184666	—	211937	—
		措施费分摊	元	212932	—	259012	—
		人工费小计	元	5943118	5.20	6835417	4.87
	材料费	钢筋 ϕ10 以内	t	85.42	—	117.99	—
		钢筋 ϕ10 以上	t	58.50	—	80.85	—
		水泥	t	3722.98	—	4098.69	—
		标准砖	千块	1226.21	—	1679.15	—
		钢材	t	221.68	—	231.76	—
		预制保温管	m	49152.00	—	57344.00	—
		蒸汽管道	m	10240.00	—	10240.00	—
		保温	m^3	1738.00	—	1738.00	—
		补偿器（热水/蒸汽）	个	600/150	—	672/150	—
		热力站管道	元	591214	—	777609	—
		阀门及法兰	元	357537	—	4834140	—
		电缆	元	429216	—	584002	—
		其他材料费	元	13895449	—	16865631	—
		措施费分摊	元	2316184	—	2812377	—
		材料费小计	元	60141140	52.65	73510493	52.35
	机械费	自卸汽车 5t	台班	4276.00	—	4853.00	—
		履带式推土机	台班	290.00	—	334.00	—
		直流弧焊机 20kW	台班	3217.00	—	3882.00	—
		其他机械费	元	1149219	—	1419322	—
		措施费分摊	元	133117	—	161653	—
		机械费小计	元	3134485	2.74	3701312	2.64
	直接费小计		元	69218743	—	84047222	—
综合费用			元	14743592	12.91	17902058	12.75
合计			元	83962335	—	101949280	—

工程内容：挖土、填砂、回填土，管道及管件、补偿器安装，热力站工艺、电气、自控、建筑全部工程的设备购置费、安装工程费、建筑工程费。

单位：万 m^2

指标编号				8Z-025		8Z-026	
项目			单位	供热规模（建筑面积）万 m^2			
				500	占指标基价（%）	600	占指标基价（%）
指标基价			元	179140544	100.00	211273490	100.00
一、建筑安装工程费			元	129959344	72.55	152623318	72.24
二、设备工器具购置费			元	20832360	11.63	25216320	11.94
三、工程建设其他费用			元	15079170	8.42	17783964	8.42
四、基本预备费			元	13269670	7.41	15649888	7.41
建筑安装工程费							
直接费	人工费	人工	工日	266142	—	297433	—
		措施费分摊	元	330191	—	387276	—
		人工费小计	元	8588577	4.79	9616622	4.55
	材料费	钢筋 $\phi10$ 以内	t	155.19	—	183.90	—
		钢筋 $\phi10$ 以上	t	106.37	—	126.03	—
		水泥	t	5064.25	—	5422.08	—
		标准砖	千块	2195.97	—	2614.31	—
		钢材	t	282.36	—	291.44	—
		预制保温管	m	73728.00	—	81920.00	—
		蒸汽管道	m	12288.00	—	12288.00	—
		保温	m^3	2086.00	—	2086.00	—
		补偿器（热水/蒸汽）	个	864/180	—	960/180	—
		热力站管道	元	982227	—	1207365	—
		阀门及法兰	元	623092	—	747418	—
		电缆	元	759836	—	906854	—
		其他材料费	元	21460119	—	25003619	—
		措施费分摊	元	3585064	—	4210248	—
		材料费小计	元	93868747	52.40	110842534	52.46
	机械费	自卸汽车 5t	台班	6081.00	—	6768.00	—
		履带式推土机	台班	423.00	—	472.00	—
		直流弧焊机 20kW	台班	4961.00	—	6073.00	—
		其他机械费	元	1809744	—	2117415	—
		措施费分摊	元	206066	—	241986	—
		机械费小计	元	4681459	2.61	5363860	2.54
	直接费小计		元	107138783	—	125823016	—
综合费用			元	22820561	12.74	26800302	12.69
合计			元	129959344	—	152623318	—

工程内容：挖土、填砂、回填土，管道及管件、补偿器安装，热力站工艺、电气、自控、建筑全部工程的设备购置费、安装工程费、建筑工程费。

单位：万 m^2

指标编号				8Z-027		8Z-028	
项目			单位	供热规模（建筑面积）万 m^2			
				700	占指标基价(%)	800	占指标基价(%)
指标基价			元	253270195	100.00	293732477	100.00
一、建筑安装工程费			元	183384620	72.41	214736540	73.11
二、设备工器具购置费			元	29805780	11.77	32513020	11.07
三、工程建设其他费用			元	21319040	8.42	24724956	8.42
四、基本预备费			元	18760755	7.41	21757961	7.41
建筑安装工程费							
直接费	人工费	人工	工日	357329	—	391565	—
		措施费分摊	元	465387	—	544274	—
		人工费小计	元	11553306	4.56	12694536	4.32
	材料费	钢筋 ϕ10 以内	t	216.99	—	231.87	—
		钢筋 ϕ10 以上	t	148.70	—	158.85	—
		水泥	t	6518.92	—	6799.77	—
		标准砖	千块	3086.25	—	3313.57	—
		钢材	t	354.34	—	367.96	—
		预制保温管	m	98304.00	—	110592.00	—
		蒸汽管道	m	14336.00	—	14336.00	—
		保温	m^3	2584.00	—	2584.00	—
		补偿器（热水/蒸汽）	个	1152/210	—	1296/210	—
		热力站管道	元	1421292	—	1591079	—
		阀门及法兰	元	884303	—	964578	—
		电缆	元	1071053	—	1157671	—
		其他材料费	元	29957366	—	34458429	—
		措施费分摊	元	5058829	—	5923666	—
		材料费小计	元	133159009	53.58	156953008	53.43
	机械费	自卸汽车 5t	台班	8213.00	—	9243.00	—
		履带式推土机	台班	570.00	—	644.00	—
		直流弧焊机 20kW	台班	7326.00	—	8933.00	—
		其他机械费	元	2538172	—	2895694	—
		措施费分摊	元	290759	—	340447	—
		机械费小计	元	6470389	2.55	7381755	2.51
	直接费小计		元	151182704	—	177029299	—
综合费用			元	32201916	12.71	37707241	12.84
合计			元	183384620	—	214736540	—

工程内容：挖土、填砂、回填土，管道及管件、补偿器安装，热力站工艺、电气、自控、建筑全部工程的设备购置费、安装工程费、建筑工程费。

单位：万 m^2

指标编号				8Z-029		8Z-030	
项目			单位	供热规模（建筑面积）万 m^2			
				900	占指标基价（%）	1000	占指标基价（%）
指标基价			元	353571188	100.00	446069396	100.00
一、建筑安装工程费			元	261323885	73.91	333996089	74.88
二、设备工器具购置费			元	36294960	10.27	41483200	9.30
三、工程建设其他费用			元	29761884	8.42	37547929	8.42
四、基本预备费			元	26190458	7.41	33042177	7.41
建筑安装工程费							
直接费	人工费	人工	工日	459750	—	544143	—
		措施费分摊	元	662359	—	847908	—
		人工费小计	元	14928402	4.22	17732665	3.98
	材料费	钢筋 ϕ10 以内	t	255.98	—	301.88	—
		钢筋 ϕ10 以上	t	175.34	—	206.88	—
		水泥	t	7793.16	—	13789.76	—
		标准砖	千块	3667.25	—	4292.68	—
		钢材	t	430.41	—	515.79	—
		预制保温管	m	137216.00	—	161792.00	—
		蒸汽管道	m	16384.00	—	16384.00	—
		保温	m^3	2954.00	—	3646.00	—
		补偿器（热水/蒸汽）	个	1608/240	—	1896/224	—
		热力站管道	元	1785478	—	1966154	—
		阀门及法兰	元	1079971	—	1234488	—
		电缆	元	1285958	—	1490218	—
		其他材料费	元	41353352	—	47061242	—
		措施费分摊	元	7208811	—	9213580	—
		材料费小计	元	191610223	54.19	246641581	55.29
	机械费	自卸汽车 5t	台班	11198.00	—	13975.00	—
		履带式推土机	台班	788.00	—	1105.00	—
		直流弧焊机 20kW	台班	10947.00	—	12837.00	—
		其他机械费	元	3448017	—	4148536	—
		措施费分摊	元	414308	—	529536	—
		机械费小计	元	8897389	2.52	10972901	2.46
	直接费小计		元	215436014	—	275347147	—
综合费用			元	45887871	12.98	58648942	13.15
合计			元	261323885	—	333996089	—

2 分项指标

说　明

一、分项指标分为土建工程、管道安装工程、阀门井室工程、热力站及中继泵站工程四大类。

1. 土建工程：

按敷设形式分为：直埋土方工程、地沟工程。

2. 管道安装工程：

按敷设形式分为：直埋敷设、地沟敷设。

按输送介质分为：热水管道、蒸汽管道、凝结水管道。

按补偿形式分为：套筒补偿器补偿、波纹补偿器补偿、U型及自然补偿、无补偿。

按保温材料分为：聚氨酯、玻璃棉、岩棉。

按防水保护层分为：聚乙烯套管、钢管、玻璃钢。

3. 阀门井室工程：

按不同作用分为：截断井室、支线井室、放风泄水井室。

4. 热力站及中继泵站工程：

热力站按换热设备分为：板式换热器、板式换热机组。

中继泵站按流量划分。

分项指标仅限于常规工程项目，不包括特殊工程。如管线穿跨越河流、坡地，穿跨越公路、铁路，特殊施工排水等。实际发生费用时应另行计算。

二、关于计算规则及其他说明：

土建工程、管道安装工程均按不同管径以“km”为单位；阀门井室工程按不同管径以“座”为单位；热力站按不同供热面积以“座”为单位；中继泵站按不同流量以“座”为单位。

（一）土建工程：

1. 管道有补偿直埋土方按管道埋深1.2m（管道上表面距地面自然标高的平均值）、三类土质、10km余土外运运距计算。管道无补偿直埋土方按管道埋深2.7m(管道上表面距地面自然标高的平均值)、三类土质、10km余土外运运距计算。

管道埋深每增加0.1m，乘以系数1.03计算。直埋土方工程量见附录一：附表1-3、附表1-4。

2. 直埋土方工程按热水管道、波纹补偿器补偿计算工程量，固定墩的数量和大小是按波纹补偿器数量和管道的推力计算的。如采用U型及自然补偿则乘以系数1.1计算。

3. 蒸汽管道直埋为单管敷设，其土方工程按热水管道有补偿直埋土方乘以系数0.7计算。

4. 地沟分为不通行砖砌地沟（*DN*80～*DN*500）、半通行砖砌地沟（*DN*80～*DN*300）、半通行素混凝土地沟（*DN*350～*DN*500）、半通行钢筋混凝土地沟（*DN*80～*DN*500）、通行钢筋混凝土地沟（*DN*600～*DN*800），地沟尺寸见附录一附表1-5。

5. 地沟盖板为普通承重，如重载承重乘以系数1.05计算。

6. 地沟指标计算均为普通防水，如地下水位较高，需设特殊防水层乘以系数1.05计算。

7. 地沟工程按蒸汽管道、波纹补偿器补偿计算工程量，固定墩的数量和大小是按波纹补偿器数量和管道的推力计算的，型钢滑动支架数量和形式是按设计标准计算的。如采用U型及自然补偿则乘以系数1.1计算。

8. 地沟工程指标是按蒸汽管道、凝结水管道双管敷设计算的，如蒸汽管道单管敷设则乘以系数0.8计算。

（二）管道安装工程：

1. 供热管道通常采用钢管，*DN*250以上的采用螺旋钢管，*DN*200以下的采用无缝钢管，钢管的连接主要为焊接。

2. 管道的管件含量根据施工图纸测算为管道的3%～6%，大管径取下限，小管径取上限。

3. 补偿器数量按设计计算确定，并考虑了部分自然补偿因素。管道补偿指标中选择三种：套筒补偿器和波纹补偿器是工厂的定型产品，平均补偿量为150～200mm，公称通径*DN*100～*DN*1200，工作压力1.6MPa，工作温度60～300℃；U型（即方型补偿器）及自然补偿是用弯头焊接而成，如实际设计数量和价格与指标不同，可按设计进行调整和换算。

4. 管道保温厚度及防水保护层是按照保温材料、管道敷设形式、介质参数等计算的。热水预制保温管为聚氨酯保温，保温厚度平均 40～50mm，蒸汽钢套钢预制保温管为超细玻璃棉保温，保温厚度平均 150～380mm，原则上不做调整。蒸汽管道保温厚度其工程量及选用情况见附录一附表 1-6。如采用其他保温材料和防水保护层，可按实际工程量换算。

5. 蒸汽管道直埋敷设为单管敷设，未考虑凝结水管道敷设，如有凝结水管道按相应指标另行计算。

6. 凝结水管道指标为单管敷设，其补偿形式为U型及自然补偿，如采用波纹补偿器补偿则乘以系数1.1计算。

7. 蒸汽管道分项指标中，不包括各种阀门井及放风泄水井造价。热水管道分项指标中，不包括电动阀门造价。套用指标时，应按设计选用情况另行计算。

（三）阀门井室工程：

1. 截断井室、支线井室阀门型号和数量参见附录一附表 1-8、附表 1-9。如实际设计选用的阀门型号和数量与指标不同，可按相对应的附表进行调整和换算。

2. 放风泄水井室阀门型号和数量参见附录一附表 1-10，如实际设计中放风阀或泄水阀不在同一井室内，可根据此表做相应的取舍。

3. 井室土建的规格及形式参见附录一附表 1-7，如实际设计中放风阀或池水阀不在同一井室内，可根据此表做相应的调整。

（四）热力站及中继泵站工程：

1. 热力站（板式换热器）工艺设备中板式换热器其设备价格按换热面积 900 元/ m²计算，如设计和实际采购价格不同可调整和换算。

2. 热力站（板式换热机组）工艺设备中板式换热机组中板式换热器和阀门等按国外进口价格计算，如设计和实际采购价格不同可调整和换算。

3. 电气工程包括动力配电设备与安装，仪表工程包括温度、压力、流量检测等设备与安装。

4. 热力站及中继泵站主要设备的取定参见附录一附表1-11、附表1-12、附表1-13，主要设备价格参见附录二。

5. 热力站及中继泵站指标中分别按专业列出直接费，建筑工程为单层砖混结构。实际设计要求不同时，如土建工程利旧等，可按相应费用调整指标造价。

2.1 土建工程

2.1.1 直埋土方工程

2.1.1.1 热水管道（有补偿）直埋土方、人工挖土

工程内容：挖土、暂存、余土外运、填砂、钢筋混凝土支座现场浇筑、回填土。

单位：km

指标编号				8F-001		8F-002		8F-003	
项目			单位	公称直径（mm）					
				100	占指标基价（%）	150	占指标基价（%）	200	占指标基价（%）
指标基价			元	172299	100.00	192952	100.00	220678	100.00
一、建筑安装工程费			元	172299	—	192952	—	220678	—
二、设备购置费			元	—	—	—	—	—	—
建筑安装工程费									
直接费	人工费	人工	工日	2763	—	3031	—	3377	—
		措施费分摊	元	437	—	489	—	560	—
		人工费小计	元	86170	50.01	94537	49.00	105348	47.74
	材料费	钢筋 ϕ10 以内	t	0.21	—	0.21	—	0.22	—
		钢筋 ϕ10 以上	t	0.84	—	0.83	—	0.87	—
		商品混凝土	t	10.01	—	9.91	—	10.41	—
		碎石	m^3	24.74	—	24.49	—	25.71	—
		砂	m^3	631.51	—	752.45	—	911.02	—
		其他材料费	元	1064	—	1138	—	1278	—
		措施费分摊	元	4753	—	5323	—	6088	—
		材料费小计	元	41181	23.90	46970	24.34	55149	24.99
	机械费	自卸汽车 5t	台班	37.31	—	45.00	—	55.25	—
		轮胎式装载机	台班	1.41	—	1.70	—	2.09	—
		机动翻斗车	台班	—	—	—	—	3.55	—
		其他机械费	元	904	—	958	—	671	—
		措施费分摊	元	273	—	306	—	350	—
		机械费小计	元	14692	8.53	17563	9.10	21431	9.71
	直接费小计		元	142043	—	159070	—	181928	—
综合费用			元	30255	17.56	33882	17.56	38751	17.56
合计			元	172299	—	192952	—	220678	—

工程内容：挖土、暂存、余土外运、填砂、钢筋混凝土支座现场浇筑、回填土。

单位：km

指标编号				8F-004		8F-005		8F-006	
项目			单位	公称直径（mm）					
				250	占指标基价（%）	300	占指标基价(%)	350	占指标基价(%)
指标基价			元	244837	100.00	281568	100.00	323851	100.00
一、建筑安装工程费			元	244837	—	281568	—	323851	—
二、设备购置费			元	—	—	—	—	—	—
建筑安装工程费									
直接费	人工费	人工	工日	3672	—	4078	—	4592	—
		措施费分摊	元	621	—	714	—	821	—
		人工费小计	元	114558	46.79	127245	45.19	143315	44.25
	材料费	钢筋 ϕ10 以内	t	0.23	—	0.32	—	0.31	—
		钢筋 ϕ10 以上	t	0.90	—	1.24	—	1.21	—
		商品混凝土	t	10.81	—	14.73	—	14.33	—
		碎石	m^3	26.70	—	36.33	—	35.35	—
		砂	m^3	1052.18	—	1236.83	—	1496.92	—
		其他材料费	元	1392	—	1780	—	1923	—
		措施费分摊	元	6754	—	7767	—	8934	—
		材料费小计	元	62350	25.47	74952	26.62	87182	26.92
	机械费	自卸汽车 5t	台班	64.56	—	77.25	—	94.88	—
		轮胎式装载机	台班	2.44	—	2.92	—	3.58	—
		机动翻斗车	台班	3.68	—	5.08	—	4.93	—
		其他机械费	元	751	—	933	—	1057	—
		措施费分摊	元	388	—	446	—	513	—
		机械费小计	元	24936	10.18	29928	10.63	36486	11.27
	直接费小计		元	201844	—	232125	—	266983	—
综合费用			元	42993	17.56	49443	17.56	56867	17.56
合计			元	244837	—	281568	—	323851	—

工程内容：挖土、暂存、余土外运、填砂、钢筋混凝土支座现场浇筑、回填土。

单位：km

指标编号				8F-007		8F-008		8F-009	
项目			单位	公称直径（mm）					
				400	占指标基价（%）	450	占指标基价（%）	500	占指标基价（%）
指标基价			元	355962	100.00	387275	100.00	428711	100.00
一、建筑安装工程费			元	355962	—	387275	—	428711	—
二、设备购置费			元	—	—	—	—	—	—
建筑安装工程费									
直接费	人工费	人工	工日	4944	—	5304	—	5724	—
		措施费分摊	元	903	—	982	—	1087	—
		人工费小计	元	154304	43.35	165573	42.75	178718	41.69
	材料费	钢筋 ϕ10 以内	t	0.36	—	0.38	—	0.51	—
		钢筋 ϕ10 以上	t	1.41	—	1.49	—	2.02	—
		商品混凝土	t	16.71	—	17.53	—	23.66	—
		碎石	m^3	41.19	—	43.21	—	58.26	—
		砂	m^3	1672.77	—	1857.10	—	2054.82	—
		其他材料费	元	2201	—	2376	—	2922	—
		措施费分摊	元	9819	—	10683	—	11826	—
		材料费小计	元	97894	27.50	107581	27.78	122839	28.65
	机械费	自卸汽车 5t	台班	107.25	—	120.13	—	134.50	—
		轮胎式装载机	台班	4.05	—	4.54	—	5.08	—
		机动翻斗车	台班	5.77	—	6.06	—	8.24	—
		其他机械费	元	1201	—	1314	—	1555	—
		措施费分摊	元	564	—	614	—	680	—
		机械费小计	元	41258	11.59	46117	11.91	51873	12.10
	直接费小计		元	293456	—	319270	—	353431	—
综合费用			元	62506	17.56	68005	17.56	75281	17.56
合计			元	355962	—	387275	—	428711	—

工程内容：挖土、暂存、余土外运、填砂、钢筋混凝土支座现场浇筑、回填土。

单位：km

指标编号				8F-010		8F-011		8F-012	
项目			单位	公称直径（mm）					
				600	占指标基价（%）	700	占指标基价（%）	800	占指标基价（%）
指标基价			元	510866	100.00	579379	100.00	683135	100.00
一、建筑安装工程费			元	510866	—	579379	—	683135	—
二、设备购置费			元	—	—	—	—	—	—
建筑安装工程费									
直接费	人工费	人工	工日	6613	—	7374	—	8383	—
		措施费分摊	元	1296	—	1470	—	1733	—
		人工费小计	元	206498	40.42	230281	39.75	261871	38.33
	材料费	钢筋 ϕ10 以内	t	0.63	—	0.68	—	1.04	—
		钢筋 ϕ10 以上	t	2.50	—	2.70	—	4.12	—
		商品混凝土	t	29.25	—	31.51	—	47.84	—
		碎石	m^3	71.99	—	77.53	—	117.59	—
		砂	m^3	2512.46	—	2916.45	—	3410.21	—
		其他材料费	元	3601	—	4022	—	5457	—
		措施费分摊	元	14093	—	15983	—	18845	—
		材料费小计	元	150143	29.39	171786	29.65	210820	30.86
	机械费	自卸汽车 5t	台班	167.44	—	196.69	—	233.88	—
		轮胎式装载机	台班	6.32	—	7.43	—	8.83	—
		机动翻斗车	台班	10.21	—	11.02	—	16.82	—
		其他机械费	元	1919	—	2181	—	2810	—
		措施费分摊	元	810	—	919	—	1083	—
		机械费小计	元	64518	12.63	75574	13.04	90487	13.25
	直接费小计		元	421159	—	477641	—	563178	—
综合费用			元	89707	17.56	101738	17.56	119957	17.56
合计			元	510866	—	579379	—	683135	—

工程内容：挖土、暂存、余土外运、填砂、钢筋混凝土支座现场浇筑、回填土。

单位：km

指标编号				8F-013		8F-014		8F-015	
项目			单位	公称直径（mm）					
				900	占指标基价（%）	1000	占指标基价（%）	1200	占指标基价（%）
指标基价			元	768230	100.00	863507	100.00	1080883	100.00
一、建筑安装工程费			元	768230	—	863507	—	1080883	—
二、设备购置费			元	—	—	—	—	—	—
建筑安装工程费									
直接费	人工费	人工	工日	9293	—	10293	—	12582	—
		措施费分摊	元	1949	—	2190	—	2742	—
		人工费小计	元	290312	37.79	321591	37.24	393167	36.37
	材料费	钢筋 ϕ10 以内	t	1.10	—	1.21	—	1.34	—
		钢筋 ϕ10 以上	t	4.35	—	4.79	—	5.30	—
		商品混凝土	t	50.28	—	55.30	—	61.06	—
		碎石	m^3	123.52	—	135.82	—	149.92	—
		砂	m^3	3928.51	—	4484.59	—	5824.44	—
		其他材料费	元	5975	—	6685	—	7963	—
		措施费分摊	元	21192	—	23821	—	29817	—
		材料费小计	元	238177	31.00	269697	31.23	339665	31.42
	机械费	自卸汽车 5t	台班	271.94	—	313.31	—	413.38	—
		轮胎式装载机	台班	10.27	—	11.83	—	15.61	—
		机动翻斗车	台班	17.76	—	19.56	—	21.62	—
		其他机械费	元	3139	—	3547	—	4389	—
		措施费分摊	元	1218	—	1369	—	1714	—
		机械费小计	元	104843	13.65	120589	13.97	158251	14.64
	直接费小计		元	633331	—	711877	—	891083	—
综合费用			元	134899	17.56	151630	17.56	189801	17.56
合计			元	768230	—	863507	—	1080883	—

2.1.1.2 热水管道（有补偿）直埋土方、机械挖土

工程内容：挖土、暂存、余土外运、填砂、钢筋混凝土支座现场浇筑、回填土。

单位：km

指标编号				8F-016		8F-017		8F-018	
项目			单位	公称直径（mm）					
				100	占指标基价（%）	150	占指标基价（%）	200	占指标基价（%）
指标基价			元	111010	100.00	125862	100.00	146175	100.00
一、建筑安装工程费			元	111010	—	125862	—	146175	—
二、设备购置费			元	—	—	—	—	—	—
建筑安装工程费									
直接费	人工费	人工	工日	988	—	1090	—	1225	—
		措施费分摊	元	282	—	319	—	371	—
		人工费小计	元	30930	27.86	34149	27.13	38386	26.26
	材料费	钢筋 ϕ10 以内	t	0.21	—	0.21	—	0.22	—
		钢筋 ϕ10 以上	t	0.84	—	0.83	—	0.87	—
		商品混凝土	t	10.01	—	9.91	—	10.41	—
		碎石	m^3	24.74	—	24.49	—	25.71	—
		砂	m^3	631.51	—	752.45	—	911.02	—
		其他材料费	元	1064	—	1138	—	1278	—
		措施费分摊	元	3062	—	3472	—	4032	—
		材料费小计	元	39490	35.57	45119	35.85	53093	36.32
	机械费	自卸汽车 5t	台班	37.31	—	45.00	—	55.25	—
		履带式单斗挖掘机	台班	5.83	—	6.37	—	7.07	—
		履带式推土机	台班	5.26	—	5.75	—	6.37	—
		其他机械费	元	904	—	957	—	1069	—
		措施费分摊	元	176	—	200	—	232	—
		机械费小计	元	21096	19.00	24493	19.46	29028	19.86
	直接费小计		元	91517	—	103761	—	120507	—
综合费用			元	19493	17.56	22101	17.56	25668	17.56
合计			元	111010	—	125862	—	146175	—

工程内容：挖土、暂存、余土外运、填砂、钢筋混凝土支座现场浇筑、回填土。

单位：km

指标编号				8F-019		8F-020		8F-021	
项目			单位	公称直径（mm）					
				250	占指标基价(%)	300	占指标基价(%)	350	占指标基价(%)
指标基价			元	164002	100.00	192354	100.00	223513	100.00
一、建筑安装工程费			元	164002	—	192354	—	223513	—
二、设备购置费			元	—	—	—	—	—	—
建筑安装工程费									
直接费	人工费	人工	工日	1340	—	1508	—	1707	—
		措施费分摊	元	416	—	488	—	567	—
		人工费小计	元	41997	25.61	47276	24.58	53530	23.95
	材料费	钢筋 ϕ10 以内	t	0.23	—	0.32	—	0.31	—
		钢筋 ϕ10 以上	t	0.90	—	1.24	—	1.21	—
		商品混凝土	t	10.81	—	14.73	—	14.33	—
		碎石	m^3	26.70	—	36.33	—	35.35	—
		砂	m^3	1052.18	—	1236.83	—	1496.92	—
		其他材料费	元	1392	—	1780	—	1923	—
		措施费分摊	元	4524	—	5306	—	6166	—
		材料费小计	元	60121	36.66	72490	37.69	84414	37.77
	机械费	自卸汽车 5t	台班	64.56	—	77.25	—	94.88	—
		履带式单斗挖掘机	台班	7.65	—	8.44	—	9.47	—
		履带式推土机	台班	6.90	—	7.61	—	8.54	—
		其他机械费	元	1162	—	1501	—	1608	—
		措施费分摊	元	260	—	305	—	354	—
		机械费小计	元	33086	20.17	38810	20.18	46322	20.72
	直接费小计		元	135204	—	158577	—	184265	—
综合费用			元	28798	17.56	33777	17.56	39248	17.56
合计			元	164002	—	192354	—	223513	—

工程内容：挖土、暂存、余土外运、填砂、钢筋混凝土支座现场浇筑、回填土。

单位：km

指标编号			单位	8F-022		8F-023		8F-024	
项目			单位	公称直径（mm）					
				400	占指标基价（%）	450	占指标基价（%）	500	占指标基价（%）
指标基价			元	248267	100.00	271916	100.00	304829	100.00
一、建筑安装工程费			元	248267	—	271916	—	304829	—
二、设备购置费			元	—	—	—	—	—	—
建筑安装工程费									
直接费	人工费	人工	工日	1850	—	1994	—	2173	—
		措施费分摊	元	630	—	690	—	773	—
		人工费小计	元	58042	23.38	62558	23.01	68205	22.37
	材料费	钢筋 ϕ10 以内	t	0.36	—	0.38	—	0.51	—
		钢筋 ϕ10 以上	t	1.41	—	1.49	—	2.02	—
		商品混凝土	t	16.71	—	17.53	—	23.66	—
		碎石	m^3	41.19	—	43.21	—	58.26	—
		砂	m^3	1672.77	—	1857.10	—	2054.82	—
		其他材料费	元	2201	—	2376	—	2922	—
		措施费分摊	元	6849	—	7501	—	8409	—
		材料费小计	元	94923	38.23	104399	38.39	119422	39.18
	机械费	自卸汽车 5t	台班	107.25	—	120.13	—	134.50	—
		履带式单斗挖掘机	台班	10.15	—	10.86	—	11.64	—
		履带式推土机	台班	9.15	—	9.79	—	10.50	—
		其他机械费	元	1846	—	1992	—	2475	—
		措施费分摊	元	394	—	431	—	483	—
		机械费小计	元	51706	20.83	57211	21.04	63675	20.89
	直接费小计		元	204672	—	224168	—	251302	—
综合费用			元	43595	17.56	47748	17.56	53527	17.56
合计			元	248267	—	271916	—	304829	—

工程内容：挖土、暂存、余土外运、填砂、钢筋混凝土支座现场浇筑、回填土。

单位：km

指标编号				8F-025		8F-026		8F-027	
项目			单位	公称直径（mm）					
				600	占指标基价（%）	700	占指标基价（%）	800	占指标基价（%）
指标基价			元	368392	100.00	420718	100.00	504247	100.00
一、建筑安装工程费			元	368392	—	420718	—	504247	—
二、设备购置费			元	—	—	—	—	—	—
建筑安装工程费									
直接费	人工费	人工	工日	2536	—	2841	—	3280	—
		措施费分摊	元	934	—	1067	—	1279	—
		人工费小计	元	79642	21.62	89210	21.20	103046	20.44
	材料费	钢筋 ϕ10 以内	t	0.63	—	0.68	—	1.04	—
		钢筋 ϕ10 以上	t	2.50	—	2.70	—	4.12	—
		商品混凝土	t	29.25	—	31.51	—	47.84	—
		碎石	m^3	71.99	—	77.53	—	117.59	—
		砂	m^3	2512.46	—	2916.45	—	3410.21	—
		其他材料费	元	3601	—	4022	—	5457	—
		措施费分摊	元	10162	—	11606	—	13910	—
		材料费小计	元	146213	39.69	167409	39.79	205886	40.83
	机械费	自卸汽车 5t	台班	167.44	—	196.69	—	233.88	—
		履带式单斗挖掘机	台班	13.36	—	14.86	—	16.73	—
		履带式推土机	台班	12.05	—	13.40	—	15.08	—
		其他机械费	元	3060	—	3412	—	4691	—
		措施费分摊	元	584	—	667	—	799	—
		机械费小计	元	77848	21.13	90222	21.44	106771	21.17
	直接费小计		元	303703	—	346841	—	415702	—
综合费用			元	64689	17.56	73877	17.56	88545	17.56
合计			元	368392	—	420718	—	504247	—

工程内容：挖土、暂存、余土外运、填砂、钢筋混凝土支座现场浇筑、回填土。

单位：km

指标编号			单位	8F-028		8F-029		8F-030	
项目				公称直径（mm）					
				900	占指标基价（%）	1000	占指标基价（%）	1200	占指标基价（%）
指标基价			元	570062	100.00	644306	100.00	813174	100.00
一、建筑安装工程费			元	570062	—	644306	—	813174	—
二、设备购置费			元	—	—	—	—	—	—
建筑安装工程费									
直接费	人工费	人工	工日	3647	—	4056	—	4984	—
		措施费分摊	元	1446	—	1634	—	2063	—
		人工费小计	元	114619	20.11	127496	19.79	156709	19.27
	材料费	钢筋 ϕ10 以内	t	1.10	—	1.21	—	1.34	—
		钢筋 ϕ10 以上	t	4.35	—	4.79	—	5.30	—
		商品混凝土	t	50.28	—	55.30	—	61.06	—
		碎石	m^3	123.52	—	135.82	—	149.92	—
		砂	m^3	3928.51	—	4484.59	—	5824.44	—
		其他材料费	元	5975	—	6685	—	7963	—
		措施费分摊	元	15726	—	17774	—	22432	—
		材料费小计	元	232710	40.82	263650	40.92	332280	40.86
	机械费	自卸汽车 5t	台班	271.94	—	313.31	—	413.38	—
		履带式单斗挖掘机	台班	18.50	—	20.43	—	24.88	—
		履带式推土机	台班	16.68	—	18.42	—	22.43	—
		其他机械费	元	5125	—	5734	—	6807	—
		措施费分摊	元	904	—	1021	—	1289	—
		机械费小计	元	122631	21.51	140021	21.73	181394	22.31
	直接费小计		元	469960	—	531167	—	670383	—
综合费用			元	100101	17.56	113139	17.56	142791	17.56
合计			元	570062	—	644306	—	813174	—

2.1.1.3 热水管道（无补偿）直埋土方、机械挖土

工程内容：挖土、暂存、余土外运、填砂、回填土。

单位：km

指标编号				8F-031		8F-032		8F-033	
项目			单位	公称直径（mm）					
				100	占指标基价（%）	150	占指标基价（%）	200	占指标基价（%）
指标基价			元	171163	100.00	190878	100.00	215253	100.00
一、建筑安装工程费			元	171163	—	190878	—	215253	—
二、设备购置费			元	—	—	—	—	—	—
建筑安装工程费									
直接费	人工费	人工	工日	1963	—	2117	—	2297	—
		措施费分摊	元	434	—	484	—	546	—
		人工费小计	元	61351	35.84	66162	34.66	71816	33.36
	材料费	砂	m^3	923.67	—	1073.17	—	1261.50	—
		水	m^3	250.33	—	290.99	—	342.29	—
		其他材料费	元	—	—	—	—	—	—
		措施费分摊	元	4722	—	5266	—	5938	—
		材料费小计	元	45280	26.45	52389	27.45	61332	28.49
	机械费	自卸汽车 5t	台班	52.06	—	61.25	—	73.25	—
		履带式单斗挖掘机	台班	12.92	—	13.79	—	14.78	—
		履带式推土机	台班	11.65	—	12.43	—	13.33	—
		其他机械费	元	436	—	509	—	602	—
		措施费分摊	元	271	—	303	—	341	—
		机械费小计	元	34476	20.14	38809	20.33	44307	20.58
	直接费小计		元	141108	—	157360	—	177455	—
综合费用			元	30056	17.56	33518	17.56	37798	17.56
合计			元	171163	—	190878	—	215253	—

工程内容：挖土、暂存、余土外运、填砂、回填土。

单位：km

指标编号				8F-034		8F-035		8F-036	
项目			单位	公称直径（mm）					
				250	占指标基价（%）	300	占指标基价（%）	350	占指标基价（%）
指标基价			元	235487	100.00	263040	100.00	302476	100.00
一、建筑安装工程费			元	235487	—	263040	—	302476	—
二、设备购置费			元	—	—	—	—	—	—
建筑安装工程费									
直接费	人工费	人工	工日	2451	—	2645	—	2904	—
		措施费分摊	元	597	—	667	—	767	—
		人工费小计	元	76639	32.54	82748	31.46	90894	30.05
	材料费	砂	m^3	1405.91	—	1624.47	—	1954.28	—
		水	m^3	381.95	—	441.49	—	531.18	—
		其他材料费	元	—	—	—	—	—	—
		措施费分摊	元	6496	—	7256	—	8344	—
		材料费小计	元	68233	28.98	78590	29.88	94161	31.13
	机械费	自卸汽车 5t	台班	84.06	—	98.00	—	118.19	—
		履带式单斗挖掘机	台班	15.69	—	16.74	—	18.04	—
		履带式推土机	台班	14.15	—	15.09	—	16.27	—
		其他机械费	元	680	—	788	—	949	—
		措施费分摊	元	373	—	417	—	480	—
		机械费小计	元	49265	20.92	55513	21.10	64308	21.26
	直接费小计		元	194136	—	216851	—	249362	—
综合费用			元	41351	17.56	46189	17.56	53114	17.56
合计			元	235487	—	263040	—	302476	—

工程内容：挖土、暂存、余土外运、填砂、回填土。

单位：km

指标编号				8F-037		8F-038		8F-039	
项目			单位	公称直径（mm）					
				400	占指标基价（%）	450	占指标基价（%）	500	占指标基价（%）
指标基价			元	328360	100.00	355294	100.00	384936	100.00
一、建筑安装工程费			元	328360	—	355294	—	384936	—
二、设备购置费			元	—	—	—	—	—	—
建筑安装工程费									
直接费	人工费	人工	工日	3085	—	3271	—	3471	—
		措施费分摊	元	833	—	901	—	976	—
		人工费小计	元	96573	29.41	102404	28.82	108685	28.23
	材料费	砂	m^3	2157.22	—	2369.07	—	2613.00	—
		水	m^3	586.58	—	644.45	—	710.81	—
		其他材料费	元	—	—	—	—	—	—
		措施费分摊	元	9058	—	9801	—	10619	—
		材料费小计	元	103787	31.61	113834	32.04	125363	32.57
	机械费	自卸汽车 5t	台班	131.75	—	146.06	—	161.13	—
		履带式单斗挖掘机	台班	19.02	—	20.03	—	21.06	—
		履带式推土机	台班	17.16	—	18.06	—	18.99	—
		其他机械费	元	1052	—	1159	—	1279	—
		措施费分摊	元	521	—	563	—	610	—
		机械费小计	元	70341	21.42	76668	21.58	83295	21.64
	直接费小计		元	270701	—	292906	—	317342	—
综合费用			元	57659	17.56	62389	17.56	67594	17.56
合计			元	328360	—	355294	—	384936	—

工程内容：挖土、暂存、余土外运、填砂、回填土。

单位：km

指标编号				8F-040		8F-041		8F-042	
项目			单位	公称直径（mm）					
				600	占指标基价（%）	700	占指标基价（%）	800	占指标基价（%）
指标基价			元	447869	100.00	505572	100.00	572382	100.00
一、建筑安装工程费			元	447869	—	505572	—	572382	—
二、设备购置费			元	—	—	—	—	—	—
建筑安装工程费									
直接费	人工费	人工	工日	3886	—	4273	—	4704	—
		措施费分摊	元	1136	—	1282	—	1452	—
		人工费小计	元	121721	27.18	133864	26.48	147414	25.75
	材料费	砂	m^3	3106.84	—	3561.92	—	4092.79	—
		水	m^3	846.15	—	970.65	—	1116.10	—
		其他材料费	元	—	—	—	—	—	—
		措施费分摊	元	12355	—	13947	—	15790	—
		材料费小计	元	148787	33.22	170365	33.70	195522	34.16
	机械费	自卸汽车 5t	台班	196.75	—	228.50	—	266.63	—
		履带式单斗挖掘机	台班	23.31	—	25.39	—	27.69	—
		履带式推土机	台班	21.02	—	22.90	—	24.97	—
		其他机械费	元	1537	—	1772	—	2049	—
		措施费分摊	元	710	—	802	—	907	—
		机械费小计	元	98716	22.04	112566	22.27	128937	22.53
	直接费小计		元	369225	—	416795	—	471873	—
综合费用			元	78645	17.56	88777	17.56	100509	17.56
合　计			元	447869	—	505572	—	572382	—

工程内容：挖土、暂存、余土外运、填砂、回填土。

单位：km

指标编号				8F-043		8F-044		8F-045	
项目			单位	公称直径（mm）					
				900	占指标基价（%）	1000	占指标基价（%）	1200	占指标基价（%）
指标基价			元	644546	100.00	720304	100.00	899945	100.00
一、建筑安装工程费			元	644546	—	720304	—	899945	—
二、设备购置费			元	—	—	—	—	—	—
建筑安装工程费									
直接费	人工费	人工	工日	5161	—	5635	—	6713	—
		措施费分摊	元	1635	—	1827	—	2283	—
		人工费小计	元	161794	25.10	176681	24.53	210580	23.40
	材料费	砂	m^3	4676.52	—	5287.27	—	6756.32	—
		水	m^3	1275.84	—	1443.19	—	1845.93	—
		其他材料费	元	—	—	—	—	—	—
		措施费分摊	元	17780	—	19870	—	24826	—
		材料费小计	元	223149	34.62	252061	34.99	321534	35.73
	机械费	自卸汽车 5t	台班	307.56	—	351.50	—	458.31	—
		履带式单斗挖掘机	台班	30.08	—	32.55	—	38.07	—
		履带式推土机	台班	27.12	—	29.36	—	34.33	—
		其他机械费	元	2351	—	2671	—	3442	—
		措施费分摊	元	1022	—	1142	—	1427	—
		机械费小计	元	146423	22.72	165078	22.92	209802	23.31
	直接费小计		元	531365	—	593820	—	741917	—
综合费用			元	113181	17.56	126484	17.56	158028	17.56
合计			元	644546	—	720304	—	899945	—

2.1.2 地 沟 工 程

2.1.2.1 不通行砖砌地沟

工程内容：挖土、暂存土、余土外运、混凝土底板现场浇筑、砌砖墙、刷防水层、预制盖板安装、回填土。

单位：km

指 标 编 号				8F-046		8F-047		8F-048	
项 目			单位	公称直径（mm）					
				80	占指标基价（%）	100	占指标基价（%）	150	占指标基价（%）
指 标 基 价			元	376285	100.00	447093	100.00	537381	100.00
一、建筑安装工程费			元	376285	—	447093	—	537381	—
二、设备购置费			元	—	—	—	—	—	—
建筑安装工程费									
直接费	人工费	人工	工日	2875	—	3311	—	3987	—
		措施费分摊	元	954	—	1134	—	1363	—
		人工费小计	元	90179	23.97	103876	23.23	125092	23.28
	材料费	钢筋 ϕ10 以内	t	12.21	—	12.23	—	14.91	—
		钢筋 ϕ10 以上	t	1.09	—	1.13	—	1.18	—
		商品混凝土	t	138.94	—	151.47	—	181.13	—
		碎石	m^3	390.02	—	391.11	—	472.26	—
		砂	m^3	260.60	—	313.98	—	374.25	—
		标准砖	千块	129.62	—	239.80	—	279.82	—
		防水剂	kg	550.50	—	660.61	—	770.83	—
		其他材料费	元	13643	—	14418	—	16425	—
		措施费分摊	元	10380	—	12333	—	14824	—
		材料费小计	元	185793	49.38	227470	50.88	269695	50.19
	机械费	自卸汽车 5t	台班	60.21	—	66.55	—	89.08	—
		塔吊	台班	11.49	—	11.53	—	14.08	—
		机动翻斗车 载重量 1t	台班	15.23	—	15.28	—	17.94	—
		其他机械费	元	6322	—	6995	—	8691	—
		措施费分摊	元	597	—	709	—	852	—
		机械费小计	元	34238	9.10	37237	8.33	48230	8.98
	直接费小计		元	310210	—	368584	—	443018	—
综合费用			元	66075	17.56	78508	17.56	94363	17.56
合 计			元	376285	—	447093	—	537381	—

工程内容：挖土、暂存土、余土外运、混凝土底板现场浇筑、砌砖墙、刷防水层、预制盖板安装、回填土。

单位：km

指标编号				8F-049		8F-050		8F-051	
项目			单位	公称直径（mm）					
				200	占指标基价（%）	250	占指标基价（%）	300	占指标基价（%）
指标基价			元	593048	100.00	658687	100.00	699980	100.00
一、建筑安装工程费			元	593048	—	658687	—	699980	—
二、设备购置费			元	—	—	—	—	—	—
建筑安装工程费									
直接费	人工费	人工	工日	4387	—	4902	—	5234	—
		措施费分摊	元	1504	—	1671	—	1776	—
		人工费小计	元	137620	23.21	153777	23.35	164195	23.46
	材料费	钢筋 ϕ10 以内	t	17.56	—	18.90	—	18.98	—
		钢筋 ϕ10 以上	t	1.14	—	1.20	—	1.48	—
		商品混凝土	t	203.87	—	222.05	—	231.17	—
		碎石	m^3	551.76	—	593.62	—	601.38	—
		砂	m^3	412.10	—	453.32	—	478.39	—
		标准砖	千块	279.87	—	319.89	—	359.88	—
		防水剂	kg	770.99	—	881.21	—	991.38	—
		其他材料费	元	18067	—	19277	—	19742	—
		措施费分摊	元	16360	—	18170	—	19309	—
		材料费小计	元	294787	49.71	324537	49.27	343944	49.14
	机械费	自卸汽车 5t	台班	105.28	—	123.24	—	133.09	—
		塔吊	台班	16.63	—	17.90	—	17.90	—
		机动翻斗车 载重量 1t	台班	20.23	—	21.70	—	22.86	—
		其他机械费	元	9954	—	11150	—	11762	—
		措施费分摊	元	940	—	1044	—	1110	—
		机械费小计	元	56504	9.53	64710	9.82	68927	9.85
	直接费小计		元	488910	—	543023	—	577065	—
综合费用			元	104138	17.56	115664	17.56	122915	17.56
合计			元	593048	—	658687	—	699980	—

工程内容：挖土、暂存土、余土外运、混凝土底板现场浇筑、砌砖墙、刷防水层、预制盖板安装、回填土。

单位：km

指标编号				8F-052		8F-053		8F-054	
项目			单位	公称直径（mm）					
				350	占指标基价（%）	400	占指标基价（%）	450	占指标基价（%）
指标基价			元	765025	100.00	838333	100.00	909346	100.00
一、建筑安装工程费			元	765025	—	838333	—	909346	—
二、设备购置费			元	—	—	—	—	—	—
建筑安装工程费									
直接费	人工费	人工	工日	5770	—	6348	—	6931	—
		措施费分摊	元	1941	—	2127	—	2307	—
		人工费小计	元	180974	23.66	199102	23.75	217388	23.91
	材料费	钢筋 ϕ10 以内	t	20.28	—	21.69	—	23.04	—
		钢筋 ϕ10 以上	t	1.38	—	1.69	—	1.78	—
		商品混凝土	t	247.54	—	268.56	—	287.07	—
		碎石	m^3	638.81	—	687.59	—	730.25	—
		砂	m^3	517.43	—	562.07	—	603.69	—
		标准砖	千块	399.90	—	439.94	—	479.98	—
		防水剂	kg	1101.65	—	1211.93	—	1322.26	—
		其他材料费	元	20761	—	22076	—	23233	—
		措施费分摊	元	21104	—	23126	—	25085	—
		材料费小计	元	371896	48.61	404463	48.25	434604	47.79
	机械费	自卸汽车 5t	台班	153.16	—	174.64	—	197.53	—
		塔吊	台班	19.18	—	20.45	—	21.73	—
		机动翻斗车 载重量 1t	台班	23.66	—	26.16	—	27.74	—
		其他机械费	元	12989	—	14374	—	15753	—
		措施费分摊	元	1213	—	1329	—	1442	—
		机械费小计	元	77819	10.17	87559	10.44	97674	10.74
	直接费小计		元	630689	—	691124	—	749667	—
综合费用			元	134337	17.56	147209	17.56	159679	17.56
合计			元	765025	—	838333	—	909346	—

工程内容：挖土、暂存土、余土外运、混凝土底板现场浇筑、砌砖墙、刷防水层、预制盖板安装、回填土。

单位：km

指标编号				8F-055	
项目			单位	公称直径（mm）	
				500	占指标基价（%）
指标基价			元	987942	100.00
一、建筑安装工程费			元	987942	—
二、设备购置费			元	—	—
建筑安装工程费					
直接费	人工费	人工	工日	7555	—
		措施费分摊	元	2506	—
		人工费小计	元	236946	23.98
	材料费	钢筋 ϕ10 以内	t	24.49	—
		钢筋 ϕ10 以上	t	2.24	—
		商品混凝土	t	309.76	—
		碎石	m^3	783.12	—
		砂	m^3	650.37	—
		标准砖	千块	520.03	—
		防水剂	kg	1432.59	—
		其他材料费	元	24652	—
		措施费分摊	元	27253	—
		材料费小计	元	468908	47.46
	机械费	自卸汽车 5t	台班	221.82	—
		塔吊	台班	23.00	—
		机动翻斗车 载重量 1t	台班	30.85	—
		其他机械费	元	17279	—
		措施费分摊	元	1566	—
		机械费小计	元	108607	10.99
	直接费小计		元	814462	—
综合费用			元	173480	17.56
合计			元	987942	—

2.1.2.2 半通行砖砌及素混凝土地沟

工程内容：挖土、暂存土、余土外运、混凝土底板现场浇筑、砌砖墙（混凝土地沟浇筑）、刷防水层、预制盖板安装、回填土。

单位：km

指标编号				8F-056		8F-057		8F-058	
项目			单位	公称直径（mm）					
				80	占指标基价（%）	100	占指标基价（%）	150	占指标基价（%）
指标基价			元	598272	100.00	722178	100.00	789693	100.00
一、建筑安装工程费			元	598272	—	722178	—	789693	—
二、设备购置费			元	—	—	—	—	—	—
建筑安装工程费									
直接费	人工费	人工	工日	4912	—	5612	—	6172	—
		措施费分摊	元	1518	—	1832	—	2003	—
		人工费小计	元	153949	25.73	175968	24.37	193505	24.50
	材料费	钢筋 ϕ10 以内	t	13.54	—	13.56	—	14.90	—
		钢筋 ϕ10 以上	t	1.08	—	1.12	—	1.14	—
		商品混凝土	t	182.92	—	204.49	—	222.29	—
		碎石	m^3	429.88	—	430.31	—	471.23	—
		砂	m^3	386.85	—	481.64	—	522.39	—
		标准砖	千块	311.12	—	519.61	—	559.64	—
		防水剂	kg	1321.32	—	1431.43	—	1541.71	—
		其他材料费	元	19589	—	20764	—	21667	—
		措施费分摊	元	16504	—	19922	—	21784	—
		材料费小计	元	280953	46.96	357406	49.49	386562	48.95
	机械费	自卸汽车 5t	台班	116.19	—	123.24	—	143.31	—
		塔吊	台班	12.76	—	12.80	—	14.08	—
		履带式推土机	台班	4.88	—	5.18	—	6.02	—
		其他机械费	元	9193	—	10061	—	10986	—
		措施费分摊	元	948	—	1145	—	1252	—
		机械费小计	元	58314	9.75	61991	8.58	70957	8.99
	直接费小计		元	493217	—	595365	—	651025	—
综合费用			元	105055	17.56	126813	17.56	138668	17.56
合计			元	598272	—	722178	—	789693	—

工程内容：挖土、暂存土、余土外运、混凝土底板现场浇筑、砌砖墙（混凝土地沟浇筑）、刷防水层、预制盖板安装、回填土。

单位：km

指标编号				8F-059		8F-060		8F-061	
项目			单位	公称直径（mm）					
				200	占指标基价（%）	250	占指标基价（%）	300	占指标基价（%）
指标基价			元	823157	100.00	894673	100.00	970493	100.00
一、建筑安装工程费			元	823157	—	894673	—	970493	—
二、设备购置费			元	—	—	—	—	—	—
建筑安装工程费									
直接费	人工费	人工	工日	6482	—	7083	—	7708	—
		措施费分摊	元	2088	—	2269	—	2462	—
		人工费小计	元	203230	24.69	222044	24.82	241635	24.90
	材料费	钢筋 ϕ10 以内	t	14.88	—	16.23	—	17.63	—
		钢筋 ϕ10 以上	t	1.08	—	1.14	—	1.44	—
		商品混凝土	t	227.54	—	245.70	—	266.62	—
		碎石	m^3	469.56	—	511.36	—	559.90	—
		砂	m^3	542.80	—	584.00	—	628.53	—
		标准砖	千块	599.61	—	639.65	—	679.70	—
		防水剂	kg	1651.82	—	1762.09	—	1872.42	—
		其他材料费	元	21130	—	22716	—	23860	—
		措施费分摊	元	22707	—	24680	—	26772	—
		材料费小计	元	401352	48.76	431627	48.24	464013	47.81
	机械费	自卸汽车 5t	台班	151.05	—	173.23	—	196.82	—
		塔吊	台班	14.08	—	15.35	—	16.63	—
		履带式推土机	台班	6.35	—	7.28	—	8.27	—
		其他机械费	元	11150	—	12194	—	13372	—
		措施费分摊	元	1305	—	1418	—	1539	—
		机械费小计	元	74030	8.99	83899	9.38	94428	9.73
	直接费小计		元	678613	—	737571	—	800076	—
综合费用			元	144544	17.56	157103	17.56	170416	17.56
合计			元	823157	—	894673	—	970493	—

工程内容：挖土、暂存土、余土外运、混凝土底板现场浇筑、砌砖墙（混凝土地沟浇筑）、刷防水层、预制盖板安装、回填土。

单位：km

指标编号				8F-062		8F-063	
项目			单位	公称直径（mm）			
				350	占指标基价（%）	400	占指标基价（%）
指标基价			元	922029	100.00	997841	100.00
一、建筑安装工程费			元	922029	—	997841	—
二、设备购置费			元	—	—	—	—
建筑安装工程费							
直接费	人工费	人工	工日	8131	—	8809	—
		措施费分摊	元	2339	—	2531	—
		人工费小计	元	254636	27.62	275863	27.65
	材料费	钢筋 ϕ10 以内	t	17.59	—	19.00	—
		钢筋 ϕ10 以上	t	1.29	—	1.61	—
		商品混凝土	t	555.28	—	593.42	—
		碎石	m^3	1458.16	—	1560.16	—
		砂	m^3	766.32	—	819.24	—
		防水剂	kg	1872.42	—	1982.75	—
		其他材料费	元	22721	—	24386	—
		措施费分摊	元	25435	—	27526	—
		材料费小计	元	405928	44.03	435753	43.67
	机械费	自卸汽车 5t	台班	196.82	—	221.82	—
		混凝土搅拌机	台班	84.04	—	89.35	—
		塔吊	台班	16.61	—	17.88	—
		其他机械费	元	13805	—	15369	—
		措施费分摊	元	1462	—	1582	—
		机械费小计	元	99558	10.80	111007	11.12
	直接费小计		元	760123	—	822622	—
综合费用			元	161906	17.56	175219	17.56
合计			元	922029	—	997841	—

工程内容： 挖土、暂存土、余土外运、混凝土底板现场浇筑、砌砖墙（混凝土地沟浇筑）、刷防水层、预制盖板安装、回填土。

单位：km

指标编号				8F-064		8F-065	
项目			单位	公称直径（mm）			
				450	占指标基价（%）	500	占指标基价（%）
指标基价			元	1034361	100.00	1151619	100.00
一、建筑安装工程费			元	1034361	—	1151619	—
二、设备购置费			元	—	—	—	—
建筑安装工程费							
直接费	人工费	人工	工日	9200	—	10323	—
		措施费分摊	元	2624	—	2921	—
		人工费小计	元	288097	27.85	323258	28.07
	材料费	钢筋 ϕ10 以内	t	19.02	—	20.47	—
		钢筋 ϕ10 以上	t	1.68	—	2.14	—
		商品混凝土	t	617.20	—	680.03	—
		碎石	m^3	1615.09	—	1774.23	—
		砂	m^3	849.62	—	934.01	—
		防水剂	kg	2092.92	—	2313.47	—
		其他材料费	元	24411	—	26365	—
		措施费分摊	元	28534	—	31768	—
		材料费小计	元	449280	43.44	493828	42.88
	机械费	自卸汽车 5t	台班	231.68	—	269.36	—
		混凝土搅拌机	台班	93.13	—	102.22	—
		塔吊	台班	17.88	—	19.16	—
		其他机械费	元	15829	—	18035	—
		措施费分摊	元	1640	—	1826	—
		机械费小计	元	115353	11.15	132311	11.49
	直接费小计		元	852730	—	949398	—
综合费用			元	181631	17.56	202222	17.56
合计			元	1034361	—	1151619	—

2.1.2.3 半通行及通行钢筋混凝土地沟

工程内容：挖土、暂存土、余土外运、混凝土底板现场浇筑、钢筋混凝土地沟浇筑、刷防水层、预制盖板安装、回填土。

单位：km

指标编号				8F-066		8F-067		8F-068	
项目			单位	公称直径（mm）					
				80	占指标基价（%）	100	占指标基价（%）	150	占指标基价（%）
指标基价			元	1154139	100.00	1218654	100.00	1328111	100.00
一、建筑安装工程费			元	1154139	—	1218654	—	1328111	—
二、设备购置费			元	—	—	—	—	—	—
建筑安装工程费									
直接费	人工费	人工	工日	8792	—	9329	—	10201	—
		措施费分摊	元	2928	—	3091	—	3369	—
		人工费小计	元	275733	23.89	292585	24.01	319894	24.09
	材料费	钢筋 $\phi10$ 以内	t	20.29	—	20.74	—	22.67	—
		钢筋 $\phi10$ 以上	t	60.38	—	64.33	—	69.50	—
		商品混凝土	t	402.85	—	424.23	—	459.40	—
		碎石	m^3	919.77	—	960.81	—	1042.54	—
		砂	m^3	504.83	—	530.46	—	574.79	—
		防水剂	kg	1321.32	—	1431.43	—	1541.71	—
		模板木材	m^3	55.60	—	59.08	—	63.89	—
		其他材料费	元	24399	—	25173	—	26986	—
		措施费分摊	元	31838	—	33618	—	36637	—
		材料费小计	元	605944	52.50	638545	52.40	691532	52.07
	机械费	自卸汽车 5t	台班	116.19	—	123.24	—	143.31	—
		塔吊	台班	12.77	—	12.77	—	14.04	—
		滚筒式混凝土搅拌机	台班	81.89	—	86.89	—	93.98	—
		其他机械费	元	14887	—	15619	—	17257	—
		措施费分摊	元	1830	—	1932	—	2106	—
		机械费小计	元	69799	6.05	73532	6.03	83472	6.29
	直接费小计		元	951475	—	1004662	—	1094898	—
综合费用			元	202664	17.56	213993	17.56	233213	17.56
合计			元	1154139	—	1218654	—	1328111	—

工程内容：挖土、暂存土、余土外运、混凝土底板现场浇筑、钢筋混凝土地沟浇筑、刷防水层、预制盖板安装、回填土。

单位：km

指标编号				8F-069		8F-070		8F-071	
项目			单位	公称直径（mm）					
				200	占指标基价（%）	250	占指标基价（%）	300	占指标基价（%）
指标基价			元	1397887	100.00	1508095	100.00	1624829	100.00
一、建筑安装工程费			元	1397887	—	1508095	—	1624829	—
二、设备购置费			元	—	—	—	—	—	—
建筑安装工程费									
直接费	人工费	人工	工日	10790	—	11678	—	12615	—
		措施费分摊	元	3546	—	3825	—	4122	—
		人工费小计	元	338355	24.20	366195	24.28	395579	24.35
	材料费	钢筋 ϕ10 以内	t	23.10	—	25.03	—	27.03	—
		钢筋 ϕ10 以上	t	73.39	—	78.59	—	84.04	—
		商品混凝土	t	480.14	—	515.67	—	553.97	—
		碎石	m^3	1082.02	—	1164.64	—	1254.02	—
		砂	m^3	599.65	—	644.43	—	692.54	—
		防水剂	kg	1651.82	—	1762.09	—	1872.42	—
		模板木材	m^3	67.36	—	72.18	—	77.10	—
		其他材料费	元	30412	—	31228	—	32303	—
		措施费分摊	元	38562	—	41602	—	44822	—
		材料费小计	元	726345	51.96	778697	51.63	834043	51.33
	机械费	自卸汽车 5t	台班	151.05	—	173.23	—	196.82	—
		塔吊	台班	14.04	—	15.32	—	16.59	—
		滚筒式混凝土搅拌机	台班	98.91	—	106.05	—	113.50	—
		其他机械费	元	18261	—	19887	—	21830	—
		措施费分摊	元	2216	—	2391	—	2576	—
		机械费小计	元	87721	6.28	98385	6.52	109891	6.76
	直接费小计		元	1152421	—	1243277	—	1339513	—
综合费用			元	245466	17.56	264818	17.56	285316	17.56
合计			元	1397887	—	1508095	—	1624829	—

工程内容： 挖土、暂存土、余土外运、混凝土底板现场浇筑、钢筋混凝土地沟浇筑、刷防水层、预制盖板安装、回填土。

单位：km

指标编号				8F-072		8F-073		8F-074	
项目			单位	公称直径（mm）					
				350	占指标基价（%）	400	占指标基价（%）	450	占指标基价（%）
指标基价			元	1623534	100.00	1742988	100.00	1812129	100.00
一、建筑安装工程费			元	1623534	—	1742988	—	1812129	—
二、设备购置费			元	—	—	—	—	—	—
建筑安装工程费									
直接费	人工费	人工	工	12605	—	13562	—	14159	—
		措施费分摊	元	4118	—	4421	—	4597	—
		人工费小计	元	395261	24.35	425243	24.40	443960	24.50
	材料费	钢筋 ϕ10 以内	t	27.00	—	28.99	—	29.46	—
		钢筋 ϕ10 以上	t	83.92	—	89.38	—	93.41	—
		商品混凝土	t	552.61	—	591.04	—	613.24	—
		碎石	m^3	1250.69	—	1340.39	—	1383.42	—
		砂	m^3	690.90	—	739.17	—	765.78	—
		防水剂	kg	1872.42	—	1982.75	—	2092.92	—
		模板木材	m^3	77.06	—	81.98	—	85.49	—
		其他材料费	元	32954	—	34929	—	35641	—
		措施费分摊	元	44786	—	48082	—	49989	—
		材料费小计	元	833404	51.33	889842	51.05	923264	50.95
	机械费	自卸汽车 5t	台班	196.82	—	221.82	—	231.68	—
		塔吊	台班	16.59	—	17.87	—	17.87	—
		滚筒式混凝土搅拌机	台班	113.35	—	120.81	—	125.90	—
		其他机械费	元	21735	—	23736	—	24607	—
		措施费分摊	元	2574	—	2763	—	2873	—
		机械费小计	元	109781	6.76	121838	6.99	126699	6.99
	直接费小计		元	1338446	—	1436924	—	1493923	—
综合费用			元	285089	17.56	306065	17.56	318206	17.56
合计			元	1623534	—	1742988	—	1812129	—

工程内容： 挖土、暂存土、余土外运、混凝土底板现场浇筑、钢筋混凝土地沟浇筑、刷防水层、预制盖板安装、回填土。

单位：km

指标编号				8F-075		8F-076	
项目			单位	公称直径（mm）			
				500	占指标基价（%）	600	占指标基价（%）
指标基价			元	2006080	100.00	2353556	100.00
一、建筑安装工程费			元	2006080	—	2353556	—
二、设备购置费			元	—	—	—	—
建筑安装工程费							
直接费	人工费	人工	工日	15771	—	18597	—
		措施费分摊	元	5089	—	5970	—
		人工费小计	元	494459	24.65	583031	24.77
	材料费	钢筋 ϕ10 以内	t	31.95	—	38.84	—
		钢筋 ϕ10 以上	t	102.97	—	116.17	—
		商品混凝土	t	674.78	—	777.31	—
		碎石	m^3	1518.36	—	1774.45	—
		砂	m^3	841.77	—	973.43	—
		防水剂	kg	2313.47	—	2534.79	—
		模板木材	m^3	93.97	—	106.40	—
		其他材料费	元	38770	—	45128	—
		措施费分摊	元	55339	—	64925	—
		材料费小计	元	1014554	50.57	1167347	49.60
	机械费	自卸汽车 5t	台班	269.36	—	367.95	—
		塔吊	台班	19.14	—	24.24	—
		滚筒式混凝土搅拌机	台班	138.55	—	157.46	—
		其他机械费	元	27674	—	34247	—
		措施费分摊	元	3180	—	3731	—
		机械费小计	元	144805	7.22	189899	8.07
	直接费小计		元	1653817	—	1940277	—
综合费用			元	352263	17.56	413279	17.56
合　计			元	2006080	—	2353556	—

工程内容：挖土、暂存土、余土外运、混凝土底板现场浇筑、钢筋混凝土地沟浇筑、刷防水层、预制盖板安装、回填土。

单位：km

指标编号				8F-077		8F-078	
项目			单位	公称直径（mm）			
				700	占指标基价（%）	800	占指标基价（%）
指标基价			元	2478022	100.00	2689045	100.00
一、建筑安装工程费			元	2478022	—	2689045	—
二、设备购置费			元	—	—	—	—
建筑安装工程费							
直接费	人工费	人工	工日	19646	—	21437	—
		措施费分摊	元	6286	—	6821	—
		人工费小计	元	615911	24.85	672018	24.99
	材料费	钢筋 ϕ10 以内	t	40.81	—	43.38	—
		钢筋 ϕ10 以上	t	121.52	—	131.41	—
		商品混凝土	t	814.38	—	879.52	—
		碎石	m^3	1860.80	—	2004.54	—
		砂	m^3	1020.06	—	1100.40	—
		防水剂	kg	2645.28	—	2866.00	—
		模板木材	m^3	111.28	—	119.89	—
		其他材料费	元	46366	—	49338	—
		措施费分摊	元	68358	—	74179	—
		材料费小计	元	1221942	49.31	1316887	48.97
	机械费	自卸汽车 5t	台班	401.39	—	451.04	—
		塔吊	台班	25.52	—	26.79	—
		滚筒式混凝土搅拌机	台班	164.77	—	177.83	—
		其他机械费	元	36410	—	40083	—
		措施费分摊	元	3929	—	4263	—
		机械费小计	元	205035	8.27	227950	8.48
	直接费小计		元	2042887	—	2216855	—
综合费用			元	435135	17.56	472190	17.56
合计			元	2478022	—	2689045	—

2.2 管道安装工程

2.2.1 直埋敷设管道安装工程

2.2.1.1 热水管道、预制保温管、套筒补偿器补偿

工程内容：管道及管件安装、补偿器安装、管道支架制作安装、探伤、管道水压试验及水冲洗等。

单位：km

指标编号				8F-079		8F-080		8F-081	
项目			单位	公称直径（mm）					
				100	占指标基价（%）	150	占指标基价（%）	200	占指标基价（%）
指标基价			元	534491	100.00	784817	100.00	1113586	100.00
一、建筑安装工程费			元	534491	—	784817	—	1113586	—
二、设备购置费			元	—	—	—	—	—	—
建筑安装工程费									
直接费	人工费	人工	工日	302	—	383	—	452	—
		措施费分摊	元	1356	—	1991	—	2825	—
		人工费小计	元	10723	2.01	13872	1.77	16851	1.51
	材料费	预制保温管及管件	m	2030.00	—	2030.00	—	2030.00	—
		接口	个	178.00	—	178.00	—	178.00	—
		套筒补偿器	个	24.00	—	24.00	—	24.00	—
		法兰	片	48.00	—	48.00	—	48.00	—
		其他材料费	元	6761	—	7732	—	12338	—
		措施费分摊	元	14744	—	21650	—	30719	—
		材料费小计	元	423269	79.19	624091	79.52	887911	79.73
	机械费	汽车式电动起重机 5t	台班	3.22	—	4.24	—	6.61	—
		直流弧焊机 20kW	台班	20.72	—	35.07	—	50.07	—
		超声波探伤机	台班	12.15	—	12.15	—	23.32	—
		其他机械费	元	1764	—	2395	—	2914	—
		措施费分摊	元	847	—	1244	—	1765	—
		机械费小计	元	6643	1.24	9041	1.15	13280	1.19
	直接费小计		元	440635	—	647005	—	918042	—
综合费用			元	93855	17.56	137812	17.56	195543	17.56
合计			元	534491	—	784817	—	1113586	—

工程内容：管道及管件安装、补偿器安装、管道支架制作安装、探伤、管道水压试验及水冲洗等。

单位：km

指标编号			单位	8F-082		8F-083		8F-084	
项目			单位	公称直径（mm）					
				250	占指标基价（%）	300	占指标基价（%）	350	占指标基价（%）
指标基价			元	1354276	100.00	1748516	100.00	2207075	100.00
一、建筑安装工程费			元	1354276	—	1748516	—	2207075	—
二、设备购置费			元	—	—	—	—	—	—
建筑安装工程费									
直接费	人工费	人工	工日	581	—	659	—	733	—
		措施费分摊	元	3435	—	4435	—	5599	—
		人工费小计	元	21460	1.58	24889	1.42	28353	1.28
	材料费	预制保温管及管件	m	2048.00	—	2048.00	—	2048.00	—
		接口	个	178.00	—	176.00	—	176.00	—
		套筒补偿器	个	22.00	—	22.00	—	22.00	—
		法兰	片	44.00	—	44.00	—	44.00	—
		其他材料费	元	16004	—	22569	—	25376	—
		措施费分摊	元	37359	—	48234	—	60884	—
		材料费小计	元	1077929	79.59	1394081	79.73	1765264	79.98
	机械费	汽车式电动起重机 5t	台班	8.81	—	14.78	—	18.92	—
		直流弧焊机 20kW	台班	87.73	—	100.57	—	120.82	—
		超声波探伤机	台班	23.32	—	35.61	—	35.61	—
		其他机械费	元	2927	—	3108	—	2749	—
		措施费分摊	元	2147	—	2772	—	3499	—
		机械费小计	元	17080	1.26	22511	1.29	25901	1.17
	直接费小计		元	1116468	—	1441481	—	1819517	—
综合费用			元	237808	17.56	307035	17.56	387557	17.56
合计			元	1354276	—	1748516	—	2207075	—

工程内容：管道及管件安装、补偿器安装、管道支架制作安装、探伤、管道水压试验及水冲洗等。

单位：km

指标编号				8F-085		8F-086		8F-087	
项目			单位	公称直径（mm）					
				400	占指标基价（%）	450	占指标基价（%）	500	占指标基价（%）
指标基价			元	2535932	100.00	2978493	100.00	3324120	100.00
一、建筑安装工程费			元	2535932	—	2978493	—	3324120	—
二、设备购置费			元	—	—	—	—	—	—
建筑安装工程费									
直接费	人工费	人工	工日	813	—	1048	—	1048	—
		措施费分摊	元	6433	—	7555	—	8432	—
		人工费小计	元	31648	1.25	40059	1.34	40958	1.23
	材料费	预制保温管及管件	m	2048.00	—	2048.00	—	2048.00	—
		接口	个	176.00	—	176.00	—	174.00	—
		套筒补偿器	个	20.00	—	20.00	—	20.00	—
		法兰	片	40.00	—	40.00	—	40.00	—
		其他材料费	元	33600	—	39211	—	39206	—
		措施费分摊	元	69956	—	82164	—	91698	—
		材料费小计	元	2028376	79.99	2378095	79.84	2661654	80.07
	机械费	汽车式电动起重机 5t	台班	23.92	—	29.04	—	28.77	—
		直流弧焊机 20kW	台班	132.39	—	165.12	—	165.93	—
		超声波探伤机	台班	46.03	—	46.03	—	45.58	—
		其他机械费	元	2989	—	4753	—	4788	—
		措施费分摊	元	4020	—	4722	—	5270	—
		机械费小计	元	30604	1.21	37322	1.25	37800	1.14
	直接费小计		元	2090628	—	2455476	—	2740412	—
综合费用			元	445304	17.56	523016	17.56	583708	17.56
合计			元	2535932	—	2978493	—	3324120	—

工程内容：管道及管件安装、补偿器安装、管道支架制作安装、探伤、管道水压试验及水冲洗等。

单位：km

指标编号			单位	8F-088		8F-089		8F-090	
项目			单位	公称直径（mm）					
				600	占指标基价（%）	700	占指标基价（%）	800	占指标基价（%）
指标基价			元	3980041	100.00	4873444	100.00	6032240	100.00
一、建筑安装工程费			元	3980041	—	4873444	—	6032240	—
二、设备购置费			元	—	—	—	—	—	—
建筑安装工程费									
直接费	人工费	人工	工日	1222	—	1417	—	1544	—
		措施费分摊	元	10096	—	12362	—	15302	—
		人工费小计	元	48011	1.21	56341	1.16	63226	1.05
	材料费	预制保温管及管件	m	2048.00	—	2048.00	—	2048.00	—
		接口	个	174.00	—	174.00	—	174.00	—
		套筒补偿器	个	18.00	—	18.00	—	18.00	—
		法兰	片	36.00	—	36.00	—	36.00	—
		其他材料费	元	41584	—	49524	—	51691	—
		措施费分摊	元	109792	—	134438	—	166404	—
		材料费小计	元	3188634	80.12	3897664	79.98	4835869	80.17
	机械费	汽车式电动起重机 5t	台班	37.15	—	—	—	—	—
		直流弧焊机 20kW	台班	186.50	—	221.63	—	253.97	—
		超声波探伤机	台班	45.58	—	45.58	—	45.58	—
		汽车式起重机 8t	台班	—	—	41.43	—	51.83	—
		其他机械费	元	5708	—	14940	—	15863	—
		措施费分摊	元	6310	—	7726	—	9563	—
		机械费小计	元	44510	1.12	63674	1.31	73898	1.23
	直接费小计		元	3281155	—	4017679	—	4972993	—
综合费用			元	698886	17.56	855766	17.56	1059247	17.56
合计			元	3980041	—	4873444	—	6032240	—

工程内容：管道及管件安装、补偿器安装、管道支架制作安装、探伤、管道水压试验及水冲洗等。

单位：km

指标编号				8F-091		8F-092		8F-093	
项目			单位	公称直径（mm）					
				900	占指标基价（%）	1000	占指标基价（%）	1200	占指标基价（%）
指标基价			元	6683980	100.00	8042462	100.00	10921202	100.00
一、建筑安装工程费			元	6683980	—	8042462	—	10921202	—
二、设备购置费			元	—	—	—	—	—	—
建筑安装工程费									
直接费	人工费	人工	工日	1670	—	1803	—	2212	—
		措施费分摊	元	16955	—	20401	—	27703	—
		人工费小计	元	68766	1.03	76337	0.95	96326	0.88
	材料费	预制保温管及管件	m	2048.00	—	2048.00	—	2048.00	—
		接口	个	173.00	—	173.00	—	173.00	—
		套筒补偿器	个	16.00	—	16.00	—	16.00	—
		法兰	片	32.00	—	32.00	—	32.00	—
		其他材料费	元	56634	—	61110	—	73600	—
		措施费分摊	元	184383	—	221857	—	301270	—
		材料费小计	元	5362447	80.23	6455157	80.26	8779040	80.39
	机械费	直流弧焊机 20kW	台班	290.94	—	334.35	—	387.45	—
		超声波探伤机	台班	45.15	—	45.15	—	45.15	—
		汽车式起重机 8t	台班	53.55	—	0.82	—	—	—
		汽车式起重机 12t	台班	—	—	61.25	—	0.30	—
		汽车式起重机 16t	台班	—	—	—	—	69.22	—
		其他机械费	元	16705	—	16849	—	20905	—
		措施费分摊	元	10597	—	12750	—	17314	—
		机械费小计	元	79076	1.18	98730	1.23	128097	1.17
	直接费小计		元	5510289	—	6630224	—	9003464	—
综合费用			元	1173691	17.56	1412238	17.56	1917738	17.56
合计			元	6683980	—	8042462	—	10921202	—

2.2.1.2 热水管道、预制保温管、波纹补偿器补偿

工程内容：管道及管件安装、补偿器安装、管道支架制作安装、探伤、管道水压试验及水冲洗等。

单位：km

指标编号				8F-094		8F-095		8F-096	
项目			单位	公称直径（mm）					
				100	占指标基价（%）	150	占指标基价（%）	200	占指标基价（%）
指标基价			元	498403	100.00	738602	100.00	1060084	100.00
一、建筑安装工程费			元	498403	—	738602	—	1060084	—
二、设备购置费			元	—	—	—	—	—	—
建筑安装工程费									
直接费	人工费	人工	工日	319	—	385	—	439	—
		措施费分摊	元	1264	—	1874	—	2689	—
		人工费小计	元	11157	2.24	13815	1.87	16324	1.54
	材料费	预制保温管及管件	m	2030.00	—	2030.00	—	2030.00	—
		接口	个	178.00	—	178.00	—	178.00	—
		波纹补偿器	个	28.00	—	28.00	—	28.00	—
		法兰	片	56.00	—	56.00	—	56.00	—
		其他材料费	元	7156	—	7886	—	12183	—
		措施费分摊	元	13749	—	20375	—	29243	—
		材料费小计	元	393212	78.89	586611	79.42	845504	79.76
	机械费	汽车式电动起重机 5t	台班	3.22	—	4.24	—	6.61	—
		直流弧焊机 20kW	台班	27.58	—	40.68	—	50.88	—
		超声波探伤机	台班	12.15	—	12.15	—	23.32	—
		其他机械费	元	1235	—	1532	—	1772	—
		措施费分摊	元	790	—	1171	—	1681	—
		机械费小计	元	6515	1.31	8480	1.15	12107	1.14
	直接费小计		元	410884	—	608906	—	873936	—
综合费用			元	87518	17.56	129697	17.56	186148	17.56
合计			元	498403	—	738602	—	1060084	—

工程内容：管道及管件安装、补偿器安装、管道支架制作安装、探伤、管道水压试验及水冲洗等。

单位：km

指标编号				8F-097		8F-098		8F-099	
项目			单位	公称直径（mm）					
				250	占指标基价（%）	300	占指标基价（%）	350	占指标基价（%）
指标基价			元	1299039	100.00	1682883	100.00	2127031	100.00
一、建筑安装工程费			元	1299039	—	1682883	—	2127031	—
二、设备购置费			元	—	—	—	—	—	—
建筑安装工程费									
直接费	人工费	人工	工日	567	—	661	—	713	—
		措施费分摊	元	3295	—	4269	—	5395	—
		人工费小计	元	20893	1.61	24783	1.47	27515	1.29
	材料费	预制保温管及管件	m	2048.00	—	2048.00	—	2048.00	—
		接口	个	178.00	—	176.00	—	176.00	—
		波纹补偿器	个	26.00	—	26.00	—	26.00	—
		法兰	片	52.00	—	52.00	—	52.00	—
		其他材料费	元	15661	—	22897	—	25043	—
		措施费分摊	元	35835	—	46424	—	58676	—
		材料费小计	元	1034204	79.61	1340925	79.68	1701551	80.00
	机械费	汽车式电动起重机 5t	台班	8.48	—	14.81	—	18.84	—
		直流弧焊机 20kW	台班	72.82	—	89.06	—	101.87	—
		超声波探伤机	台班	23.32	—	35.61	—	35.61	—
		其他机械费	元	2900	—	3124	—	2737	—
		措施费分摊	元	2059	—	2668	—	3372	—
		机械费小计	元	15833	1.22	21665	1.29	24463	1.15
	直接费小计		元	1070931	—	1387373	—	1753529	—
综合费用			元	228108	17.56	295510	17.56	373502	17.56
合计			元	1299039	—	1682883	—	2127031	—

工程内容：管道及管件安装、补偿器安装、管道支架制作安装、探伤、管道水压试验及水冲洗等。

单位：km

指标编号				8F-100		8F-101		8F-102	
项目			单位	公称直径（mm）					
				400	占指标基价（%）	450	占指标基价（%）	500	占指标基价（%）
指标基价			元	2450884	100.00	2876821	100.00	3209650	100.00
一、建筑安装工程费			元	2450884	—	2876821	—	3209650	—
二、设备购置费			元	—	—	—	—	—	—
建筑安装工程费									
直接费	人工费	人工	工日	792	—	1017	—	1014	—
		措施费分摊	元	6217	—	7297	—	8142	—
		人工费小计	元	30808	1.26	38858	1.35	39616	1.23
	材料费	预制保温管及管件	m	2048.00	—	2048.00	—	2048.00	—
		接口	个	176.00	—	176.00	—	174.00	—
		波纹补偿器	个	24.00	—	24.00	—	24.00	—
		法兰	片	48.00	—	48.00	—	48.00	—
		其他材料费	元	33410	—	38798	—	38740	—
		措施费分摊	元	67610	—	79359	—	88541	—
		材料费小计	元	1960515	79.99	2297081	79.85	2570371	80.08
	机械费	汽车式电动起重机 5t	台班	23.86	—	29.02	—	28.74	—
		直流弧焊机 20kW	台班	113.60	—	143.44	—	142.29	—
		超声波探伤机	台班	46.03	—	46.03	—	45.58	—
		其他机械费	元	2995	—	4772	—	4817	—
		措施费分摊	元	3886	—	4561	—	5089	—
		机械费小计	元	29192	1.19	35718	1.24	36056	1.12
	直接费小计		元	2020515	—	2371658	—	2646043	—
综合费用			元	430370	17.56	505163	17.56	563607	17.56
合计			元	2450884	—	2876821	—	3209650	—

工程内容：管道及管件安装、补偿器安装、管道支架制作安装、探伤、管道水压试验及水冲洗等。

单位：km

指标编号				8F-103		8F-104		8F-105	
项目			单位	公称直径（mm）					
				600	占指标基价（%）	700	占指标基价（%）	800	占指标基价（%）
指标基价			元	3871935	100.00	4779209	100.00	5917692	100.00
一、建筑安装工程费			元	3871935	—	4779209	—	5917692	—
二、设备购置费			元	—	—	—	—	—	—
建筑安装工程费									
直接费	人工费	人工	工日	1182	—	1363	—	1484	—
		措施费分摊	元	9822	—	12123	—	15011	—
		人工费小计	元	46507	1.20	54430	1.14	61051	1.03
	材料费	预制保温管及管件	m	2048.00	—	2048.00	—	2048.00	—
		接口	个	174.00	—	174.00	—	174.00	—
		波纹补偿器	个	22.00	—	22.00	—	22.00	—
		法兰	片	44.00	—	44.00	—	44.00	—
		其他材料费	元	40937	—	48748	—	50780	—
		措施费分摊	元	106810	—	131838	—	163244	—
		材料费小计	元	3102690	80.13	3823834	80.01	4745780	80.20
	机械费	汽车式电动起重机 5t	台班	37.14	—	—	—	—	—
		直流弧焊机 20kW	台班	163.18	—	194.81	—	224.01	—
		超声波探伤机	台班	45.58	—	45.58	—	45.58	—
		汽车式起重机 8t	台班	—	—	41.32	—	51.72	—
		其他机械费	元	5771	—	14997	—	15938	—
		措施费分摊	元	6139	—	7577	—	9382	—
		机械费小计	元	42835	1.11	61727	1.29	71728	1.21
	直接费小计		元	3192032	—	3939991	—	4878559	—
	综合费用		元	679903	17.56	839218	17.56	1039133	17.56
	合计		元	3871935	—	4779209	—	5917692	—

工程内容：管道及管件安装、补偿器安装、管道支架制作安装、探伤、管道水压试验及水冲洗等。

单位：km

指标编号				8F-106		8F-107		8F-108	
项目			单位	公称直径（mm）					
				900	占指标基价（%）	1000	占指标基价（%）	1200	占指标基价（%）
指标基价			元	6521781	100.00	7832624	100.00	10626632	100.00
一、建筑安装工程费			元	6521781	—	7832624	—	10626632	—
二、设备购置费			元	—	—	—	—	—	—
建筑安装工程费									
直接费	人工费	人工	工日	1616	—	1741	—	2141	—
		措施费分摊	元	16543	—	19868	—	26956	—
		人工费小计	元	66677	1.02	73898	0.94	93392	0.88
	材料费	预制保温管及管件	m	2048.00	—	2048.00	—	2048.00	—
		接口	个	173.00	—	173.00	—	173.00	—
		波纹补偿器	个	20.00	—	20.00	—	20.00	—
		法兰	片	40.00	—	40.00	—	40.00	—
		其他材料费	元	55814	—	60152	—	72226	—
		措施费分摊	元	179908	—	216069	—	293144	—
		材料费小计	元	5232912	80.24	6287186	80.27	8542045	80.38
	机械费	直流弧焊机 20kW	台班	261.90	—	302.53	—	352.52	—
		超声波探伤机	台班	45.15	—	45.15	—	45.15	—
		汽车式起重机 8t	台班	52.74	—	—	—	—	—
		汽车式起重机 12t	台班	—	—	61.64	—	0.66	—
		汽车式起重机 16t	台班	—	—	—	—	69.51	—
		其他机械费	元	17228	—	16885	—	20306	—
		措施费分摊	元	10340	—	12418	—	16847	—
		机械费小计	元	76982	1.18	96150	1.23	125183	1.18
	直接费小计		元	5376572	—	6457234	—	8760620	—
综合费用			元	1145210	17.56	1375391	17.56	1866012	17.56
合计			元	6521781	—	7832624	—	10626632	—

2.2.1.3　热水管道、预制保温管、U 型及自然补偿

工程内容：管道及管件安装、补偿器安装、管道支架制作安装、探伤、管道水压试验及水冲洗等。

单位：km

指标编号				8F-109		8F-110		8F-111	
项目			单位	公称直径（mm）					
				100	占指标基价（%）	150	占指标基价（%）	200	占指标基价（%）
指标基价			元	484622	100.00	736979	100.00	1096436	100.00
一、建筑安装工程费			元	484622	—	736979	—	1096436	—
二、设备购置费			元	—	—	—	—	—	—
建筑安装工程费									
直接费	人工费	人工	工日	271	—	406	—	450	—
		措施费分摊	元	1229	—	1869	—	2781	—
		人工费小计	元	9644	1.99	14456	1.96	16742	1.53
	材料费	预制保温管及管件	m	2030.00	—	2030.00	—	2030.00	—
		接口	个	178.00	—	178.00	—	178.00	—
		方型补偿器	个	24.00	—	24.00	—	24.00	—
		其他材料费	元	6420	—	8392	—	12978	—
		措施费分摊	元	13369	—	20330	—	30246	—
		材料费小计	元	384088	79.26	583232	79.14	872934	79.62
	机械费	汽车式电动起重机 5t	台班	3.22	—	4.24	—	6.61	—
		直流弧焊机 20kW	台班	17.73	—	61.66	—	82.90	—
		超声波探伤机	台班	12.15	—	12.15	—	23.32	—
		其他机械费	元	1192	—	1528	—	1692	—
		措施费分摊	元	768	—	1168	—	1738	—
		机械费小计	元	5791	1.19	9878	1.34	14228	1.30
	直接费小计		元	399523	—	607567	—	903904	—
综合费用			元	85098	17.56	129412	17.56	192532	17.56
合计			元	484622	—	736979	—	1096436	—

工程内容：管道及管件安装、补偿器安装、管道支架制作安装、探伤、管道水压试验及水冲洗等。

单位：km

指标编号				8F-112		8F-113		8F-114	
项目			单位	公称直径（mm）					
				250	占指标基价（%）	300	占指标基价（%）	350	占指标基价（%）
指标基价			元	1405218	100.00	1813286	100.00	2279586	100.00
一、建筑安装工程费			元	1405218	—	1813286	—	2279586	—
二、设备购置费			元	—	—	—	—	—	—
建筑安装工程费									
直接费	人工费	人工	工日	576	—	660	—	742	—
		措施费分摊	元	3565	—	4600	—	5782	—
		人工费小计	元	21450	1.53	25092	1.38	28801	1.26
	材料费	预制保温管及管件	m	2048.00	—	2048.00	—	2048.00	—
		接口	个	178.00	—	176.00	—	176.00	—
		方型补偿器	个	22.00	—	22.00	—	22.00	—
		其他材料费	元	17080	—	23927	—	27035	—
		措施费分摊	元	38764	—	50021	—	62884	—
		材料费小计	元	1117744	79.54	1444328	79.65	1821239	79.89
	机械费	汽车式电动起重机 5t	台班	9.62	—	15.94	—	20.15	—
		直流弧焊机 20kW	台班	113.83	—	134.37	—	160.02	—
		超声波探伤机	台班	23.32	—	35.61	—	35.61	—
		其他机械费	元	2963	—	3221	—	2869	—
		措施费分摊	元	2228	—	2875	—	3614	—
		机械费小计	元	19270	1.37	25457	1.40	29256	1.28
	直接费小计		元	1158465	—	1494877	—	1879296	—
综合费用			元	246753	17.56	318409	17.56	400290	17.56
合计			元	1405218	—	1813286	—	2279586	—

工程内容：管道及管件安装、补偿器安装、管道支架制作安装、探伤、管道水压试验及水冲洗等。

单位：km

指标编号				8F-115		8F-116		8F-117	
项目			单位	公称直径（mm）					
				400	占指标基价（%）	450	占指标基价（%）	500	占指标基价（%）
指标基价			元	2639461	100.00	3114203	100.00	3451365	100.00
一、建筑安装工程费			元	2639461	—	3114203	—	3451365	—
二、设备购置费			元	—	—	—	—	—	—
建筑安装工程费									
直接费	人工费	人工	工日	827	—	1076	—	1067	—
		措施费分摊	元	6695	—	7900	—	8755	—
		人工费小计	元	32357	1.23	41286	1.33	41874	1.21
	材料费	预制保温管及管件	m	2048.00	—	2048.00	—	2048.00	—
		接口	个	176.00	—	176.00	—	174.00	—
		方型补偿器	个	20.00	—	20.00	—	20.00	—
		其他材料费	元	35894	—	41958	—	41618	—
		措施费分摊	元	72812	—	85908	—	95209	—
		材料费小计	元	2109145	79.91	2483766	79.76	2760876	79.99
	机械费	汽车式电动起重机 5t	台班	25.20	—	30.56	—	30.29	—
		直流弧焊机 20kW	台班	178.35	—	224.76	—	223.61	—
		超声波探伤机	台班	46.03	—	46.03	—	45.58	—
		其他机械费	元	3104	—	4916	—	4876	—
		措施费分摊	元	4185	—	4937	—	5472	—
		机械费小计	元	34475	1.31	42304	1.36	42563	1.23
	直接费小计		元	2175978	—	2567356	—	2845313	—
综合费用			元	463483	17.56	546847	17.56	606052	17.56
合计			元	2639461	—	3114203	—	3451365	—

工程内容：管道及管件安装、补偿器安装、管道支架制作安装、探伤、管道水压试验及水冲洗等。

单位：km

指标编号				8F-118		8F-119		8F-120	
项目			单位	公称直径（mm）					
				600	占指标基价（%）	700	占指标基价（%）	800	占指标基价（%）
指标基价			元	4116471	100.00	5038700	100.00	6265498	100.00
一、建筑安装工程费			元	4116471	—	5038700	—	6265498	—
二、设备购置费			元	—	—	—	—	—	—
建筑安装工程费									
直接费	人工费	人工	工日	1235	—	1400	—	1543	—
		措施费分摊	元	10442	—	12781	—	15893	—
		人工费小计	元	48772	1.18	56224	1.12	63773	1.02
	材料费	预制保温管及管件	m	2048.00	—	2048.00	—	2048.00	—
		接口	个	174.00	—	174.00	—	174.00	—
		方型补偿器	个	18.00	—	18.00	—	18.00	—
		其他材料费	元	44200	—	52247	—	54906	—
		措施费分摊	元	113556	—	138996	—	172839	—
		材料费小计	元	3295166	80.05	4027723	79.94	5019525	80.11
	机械费	汽车式电动起重机 5t	台班	38.84	—	—	—	—	—
		直流弧焊机 20kW	台班	251.31	—	296.62	—	350.09	—
		超声波探伤机	台班	45.58	—	45.58	—	45.58	—
		汽车式起重机 8t	台班	—	—	43.50	—	54.55	—
		其他机械费	元	5653	—	14899	—	15769	—
		措施费分摊	元	6526	—	7988	—	9933	—
		机械费小计	元	49691	1.21	69969	1.39	81993	1.31
	直接费小计		元	3393628	—	4153916	—	5165291	—
综合费用			元	722843	17.56	884784	17.56	1100207	17.56
合计			元	4116471	—	5038700	—	6265498	—

工程内容：管道及管件安装、补偿器安装、管道支架制作安装、探伤、管道水压试验及水冲洗等。

单位：km

指标编号				8F-121		8F-122		8F-123	
项目			单位	公称直径（mm）					
				900	占指标基价（%）	1000	占指标基价（%）	1200	占指标基价（%）
指标基价			元	6856519	100.00	8366716	100.00	11186218	100.00
一、建筑安装工程费			元	6856519	—	8366716	—	11186218	—
二、设备购置费			元	—	—	—	—	—	—
建筑安装工程费									
直接费	人工费	人工	工日	1664	—	1827	—	2273	—
		措施费分摊	元	17392	—	21223	—	28375	—
		人工费小计	元	69027	1.01	77905	0.93	98892	0.88
	材料费	预制保温管及管件	m	2048.00	—	2048.00	—	2048.00	—
		接口	个	173.00	—	173.00	—	173.00	—
		方型补偿器	个	16.00	—	16.00	—	16.00	—
		其他材料费	元	59832	—	66890	—	80614	—
		措施费分摊	元	189142	—	230802	—	308580	—
		材料费小计	元	5495925	80.16	6709258	80.19	8980550	80.28
	机械费	直流弧焊机 20kW	台班	392.41	—	463.31	—	549.21	—
		超声波探伤机	台班	45.15	—	45.15	—	45.15	—
		汽车式起重机 8t	台班	56.45	—	—	—	—	—
		汽车式起重机 12t	台班	—	—	60.98	—	5.70	—
		汽车式起重机 16t	台班	—	—	—	—	69.29	—
		其他机械费	元	16666	—	19948	—	20360	—
		措施费分摊	元	10870	—	13265	—	17735	—
		机械费小计	元	87579	1.28	110377	1.32	142502	1.27
	直接费小计		元	5652530	—	6897540	—	9221944	—
综合费用			元	1203989	17.56	1469176	17.56	1964274	17.56
合计			元	6856519	—	8366716	—	11186218	—

2.2.1.4 热水管道、预制保温管、无补偿

工程内容：管道及管件安装、管道支架制作安装、探伤、管道水压试验及水冲洗等。

单位：km

指标编号				8F-124		8F-125		8F-126	
项目			单位	公称直径（mm）					
				100	占指标基价（%）	150	占指标基价（%）	200	占指标基价（%）
指标基价			元	468938	100.00	711898	100.00	994618	100.00
一、建筑安装工程费			元	468938	—	711898	—	994618	—
二、设备购置费			元	—	—	—	—	—	—
建筑安装工程费									
直接费	人工费	人工	工日	271	—	335	—	383	—
		措施费分摊	元	1190	—	1806	—	2523	—
		人工费小计	元	9590	2.05	12209	1.72	14410	1.45
	材料费	预制保温管及管件	m	2030.00	—	2030.00	—	2030.00	—
		接口	个	178.00	—	178.00	—	178.00	—
		其他材料费	元	6413	—	7072	—	11041	—
		措施费分摊	元	12936	—	19638	—	27437	—
		材料费小计	元	371250	79.17	566980	79.64	794388	79.87
	机械费	汽车式电动起重机 5t	台班	3.22	—	4.24	—	6.61	—
		直流弧焊机 20kW	台班	17.55	—	30.66	—	40.85	—
		超声波探伤机	台班	12.15	—	12.15	—	23.32	—
		其他机械费	元	1191	—	1467	—	1607	—
		措施费分摊	元	743	—	1129	—	1577	—
		机械费小计	元	5754	1.23	7701	1.08	11167	1.12
	直接费小计		元	386594	—	586890	—	819965	—
综合费用			元	82344	17.56	125008	17.56	174653	17.56
合计			元	468938	—	711898	—	994618	—

工程内容：管道及管件安装、管道支架制作安装、探伤、管道水压试验及水冲洗等。

单位：km

指标编号				8F-127		8F-128		8F-129	
项目			单位	公称直径（mm）					
				250	占指标基价（%）	300	占指标基价（%）	350	占指标基价（%）
指标基价			元	1228977	100.00	1598821	100.00	2043447	100.00
一、建筑安装工程费			元	1228977	—	1598821	—	2043447	—
二、设备购置费			元	—	—	—	—	—	—
建筑安装工程费									
直接费	人工费	人工	工日	495	—	568	—	618	—
		措施费分摊	元	3117	—	4056	—	5183	—
		人工费小计	元	18486	1.50	21670	1.36	24359	1.19
	材料费	预制保温管及管件	m	2048.00	—	2048.00	—	2048.00	—
		接口	个	178.00	—	176.00	—	176.00	—
		其他材料费	元	14301	—	20760	—	22838	—
		措施费分摊	元	33902	—	44105	—	56370	—
		材料费小计	元	980024	79.74	1276545	79.84	1637628	80.14
	机械费	汽车式电动起重机 5t	台班	8.48	—	14.45	—	18.48	—
		直流弧焊机 20kW	台班	59.53	—	69.51	—	82.32	—
		超声波探伤机	台班	23.32	—	35.61	—	35.61	—
		其他机械费	元	2729	—	2904	—	2497	—
		措施费分摊	元	1948	—	2535	—	3240	—
		机械费小计	元	14663	1.19	19857	1.24	22635	1.11
	直接费小计		元	1013172	—	1318072	—	1684622	—
综合费用			元	215806	17.56	280749	17.56	358825	17.56
合　计			元	1228977	—	1598821	—	2043447	—

工程内容：管道及管件安装、管道支架制作安装、探伤、管道水压试验及水冲洗等。

单位：km

指标编号				8F-130		8F-131		8F-132	
项目			单位	公称直径（mm）					
				400	占指标基价（%）	450	占指标基价（%）	500	占指标基价（%）
指标基价			元	2359719	100.00	2759288	100.00	3095566	100.00
一、建筑安装工程费			元	2359719	—	2759288	—	3095566	—
二、设备购置费			元	—	—	—	—	—	—
建筑安装工程费									
直接费	人工费	人工	工日	701	—	917	—	909	—
		措施费分摊	元	5986	—	6999	—	7852	—
		人工费小计	元	27730	1.18	35468	1.29	36054	1.16
	材料费	预制保温管及管件	m	2048.00	—	2048.00	—	2048.00	—
		接口	个	176.00	—	176.00	—	174.00	—
		其他材料费	元	31172	—	36250	—	35909	—
		措施费分摊	元	65095	—	76117	—	85394	—
		材料费小计	元	1890207	80.10	2205767	79.94	2482153	80.18
	机械费	汽车式电动起重机 5t	台班	23.52	—	28.56	—	28.29	—
		直流弧焊机 20kW	台班	95.55	—	121.00	—	119.85	—
		超声波探伤机	台班	46.03	—	46.03	—	45.58	—
		其他机械费	元	2712	—	4454	—	4414	—
		措施费分摊	元	3741	—	4375	—	4908	—
		机械费小计	元	27420	1.16	33529	1.22	33786	1.09
	直接费小计		元	1945357	—	2274763	—	2551992	—
综合费用			元	414361	17.56	484525	17.56	543574	17.56
合计			元	2359719	—	2759288	—	3095566	—

工程内容：管道及管件安装、管道支架制作安装、探伤、管道水压试验及水冲洗等。

单位：km

指标编号				8F-133		8F-134		8F-135	
项目			单位	公称直径（mm）					
				600	占指标基价（%）	700	占指标基价（%）	800	占指标基价（%）
指标基价			元	3758134	100.00	4613191	100.00	5747574	100.00
一、建筑安装工程费			元	3758134	—	4613191	—	5747574	—
二、设备购置费			元	—	—	—	—	—	—
建筑安装工程费									
直接费	人工费	人工	工日	1061	—	1201	—	1313	—
		措施费分摊	元	9533	—	11702	—	14579	—
		人工费小计	元	42449	1.13	48956	1.06	55317	0.96
	材料费	预制保温管及管件	m	2048.00	—	2048.00	—	2048.00	—
		接口	个	174.00	—	174.00	—	174.00	—
		其他材料费	元	37598	—	44839	—	46479	—
		措施费分摊	元	103671	—	127258	—	158551	—
		材料费小计	元	3015399	80.24	3695538	80.11	4614490	80.29
	机械费	汽车式电动起重机 5t	台班	36.61	—	—	—	—	—
		直流弧焊机 20kW	台班	140.65	—	165.51	—	194.71	—
		超声波探伤机	台班	45.58	—	45.58	—	45.58	—
		汽车式起重机 8t	台班	—	—	40.77	—	51.17	—
		其他机械费	元	5202	—	14407	—	15229	—
		措施费分摊	元	5958	—	7314	—	9112	—
		机械费小计	元	40365	1.07	58632	1.27	68506	1.19
	直接费小计		元	3098214	—	3803125	—	4738313	—
综合费用			元	659920	17.56	810066	17.56	1009261	17.56
合计			元	3758134	—	4613191	—	5747574	—

工程内容：管道及管件安装、管道支架制作安装、探伤、管道水压试验及水冲洗等。

单位：km

指标编号				8F-136		8F-137		8F-138	
项目			单位	公称直径（mm）					
				900	占指标基价（%）	1000	占指标基价（%）	1200	占指标基价（%）
指标基价			元	6362238	100.00	7679751	100.00	10471365	100.00
一、建筑安装工程费			元	6362238	—	7679751	—	10471365	—
二、设备购置费			元	—	—	—	—	—	—
建筑安装工程费									
直接费	人工费	人工	工日	1436	—	1562	—	1950	—
		措施费分摊	元	16139	—	19481	—	26562	—
		人工费小计	元	60695	0.95	67955	0.88	87062	0.83
	材料费	预制保温管及管件	m	2048.00	—	2048.00	—	2048.00	—
		接口	个	173.00	—	173.00	—	173.00	—
		其他材料费	元	51457	—	55830	—	67308	—
		措施费分摊	元	175507	—	211852	—	288861	—
		材料费小计	元	5110954	80.33	6170666	80.35	8424124	80.45
	机械费	直流弧焊机 20kW	台班	228.76	—	269.39	—	319.38	—
		超声波探伤机	台班	45.15	—	45.15	—	45.15	—
		汽车式起重机 8t	台班	52.74	—	—	—	—	—
		汽车式起重机 12t	台班	—	—	60.98	—	—	—
		汽车式起重机 16t	台班	—	—	—	—	69.29	—
		其他机械费	元	16111	—	16224	—	19650	—
		措施费分摊	元	10087	—	12175	—	16601	—
		机械费小计	元	73394	1.15	92583	1.21	121432	1.16
	直接费小计		元	5245044	—	6331204	—	8632618	—
综合费用			元	1117194	17.56	1348547	17.56	1838748	17.56
合计			元	6362238	—	7679751	—	10471365	—

2.2.1.5 蒸汽管道、直埋式钢套钢预制保温管、波纹补偿器补偿

工程内容：管道及管件安装、补偿器安装、管道支架制作安装、探伤、管道水压试验及水冲洗等。

单位：km

指标编号				8F-139		8F-140		8F-141	
项目			单位	公称直径（mm）					
				100	占指标基价（%）	150	占指标基价（%）	200	占指标基价（%）
指标基价			元	870786	100.00	1184626	100.00	1428829	100.00
一、建筑安装工程费			元	870786	—	1184626	—	1428829	—
二、设备购置费			元	—	—	—	—	—	—
建筑安装工程费									
直接费	人工费	人工	工日	165	—	197	—	222	—
		措施费分摊	元	2209	—	3005	—	3624	—
		人工费小计	元	7324	0.84	9122	0.77	10505	0.74
	材料费	预制保温管及管件	m	1015.00	—	1015.00	—	1015.00	—
		接口	个	89.00	—	89.00	—	89.00	—
		波纹补偿器	个	17.00	—	17.00	—	17.00	—
		法兰	片	34.00	—	34.00	—	34.00	—
		其他材料费	元	3671	—	4000	—	6019	—
		措施费分摊	元	24021	—	32679	—	39415	—
		材料费小计	元	706230	81.10	961884	81.20	1159916	81.18
	机械费	汽车式电动起重机 5t	台班	1.61	—	2.12	—	3.31	—
		直流弧焊机 20kW	台班	14.86	—	21.41	—	26.51	—
		超声波探伤机	台班	6.07	—	6.07	—	11.66	—
		其他机械费	元	626	—	764	—	845	—
		措施费分摊	元	1381	—	1878	—	2265	—
		机械费小计	元	4324	0.50	5602	0.47	7509	0.53
	直接费小计		元	717878	—	976608	—	1177930	—
综合费用			元	152908	17.56	208018	17.56	250899	17.56
合计			元	870786	—	1184626	—	1428829	—

工程内容：管道及管件安装、补偿器安装、管道支架制作安装、探伤、管道水压试验及水冲洗等。

单位：km

指标编号				8F-142		8F-143		8F-144	
项目			单位	公称直径（mm）					
				250	占指标基价（%）	300	占指标基价（%）	350	占指标基价（%）
指标基价			元	1873804	100.00	2327118	100.00	2660626	100.00
一、建筑安装工程费			元	1873804	—	2327118	—	2660626	—
二、设备购置费			元	—	—	—	—	—	—
建筑安装工程费									
直接费	人工费	人工	工日	284	—	336	—	364	—
		措施费分摊	元	4753	—	5903	—	6749	—
		人工费小计	元	13564	0.72	16344	0.70	18038	0.68
	材料费	预制保温管及管件	m	1024.00	—	1024.00	—	1024.00	—
		接口	个	89.00	—	89.00	—	89.00	—
		波纹补偿器	个	15.00	—	15.00	—	15.00	—
		法兰	片	30.00	—	30.00	—	30.00	—
		其他材料费	元	7685	—	11553	—	12697	—
		措施费分摊	元	51690	—	64195	—	73395	—
		材料费小计	元	1521341	81.19	1888839	81.17	2160492	81.20
	机械费	汽车式电动起重机 5t	台班	4.24	—	7.43	—	9.45	—
		直流弧焊机 20kW	台班	37.43	—	46.04	—	52.44	—
		超声波探伤机	台班	11.66	—	17.81	—	17.81	—
		其他机械费	元	1387	—	1560	—	1388	—
		措施费分摊	元	2971	—	3689	—	4218	—
		机械费小计	元	9863	0.53	13299	0.57	14896	0.56
	直接费小计		元	1544768	—	1918481	—	2193426	—
综合费用			元	329036	17.56	408636	17.56	467200	17.56
合计			元	1873804	—	2327118	—	2660626	—

工程内容：管道及管件安装、补偿器安装、管道支架制作安装、探伤、管道水压试验及水冲洗等。

单位：km

指标编号				8F-145		8F-146		8F-147	
项目			单位	公称直径（mm）					
				400	占指标基价（%）	450	占指标基价（%）	500	占指标基价（%）
指标基价			元	3103633	100.00	3444537	100.00	4003250	100.00
一、建筑安装工程费			元	3103633	—	3444537	—	4003250	—
二、设备购置费			元	—	—	—	—	—	—
建筑安装工程费									
直接费	人工费	人工	工日	401	—	514	—	514	—
		措施费分摊	元	7873	—	8737	—	10155	—
		人工费小计	元	20306	0.65	24698	0.72	26092	0.65
	材料费	预制保温管及管件	m	1024.00	—	1024.00	—	1024.00	—
		接口	个	89.00	—	89.00	—	88.00	—
		波纹补偿器	个	14.00	—	14.00	—	14.00	—
		法兰	片	28.00	—	28.00	—	28.00	—
		其他材料费	元	16737	—	19492	—	19494	—
		措施费分摊	元	85616	—	95020	—	110433	—
		材料费小计	元	2520675	81.22	2793816	81.11	3252226	81.24
	机械费	汽车式电动起重机 5t	台班	11.96	—	14.55	—	14.41	—
		直流弧焊机 20kW	台班	58.30	—	73.59	—	73.02	—
		超声波探伤机	台班	23.02	—	23.02	—	22.80	—
		其他机械费	元	1473	—	2375	—	2407	—
		措施费分摊	元	4920	—	5461	—	6347	—
		机械费小计	元	17662	0.57	21170	0.61	21970	0.55
	直接费小计		元	2558642	—	2839684	—	3300288	—
综合费用			元	544991	17.56	604853	17.56	702961	17.56
合计			元	3103633	—	3444537	—	4003250	—

工程内容：管道及管件安装、补偿器安装、管道支架制作安装、探伤、管道水压试验及水冲洗等。

单位：km

指标编号				8F-148		8F-149		8F-150	
项目			单位	公称直径（mm）					
				600	占指标基价（%）	700	占指标基价（%）	800	占指标基价（%）
指标基价			元	5129874	100.00	6226319	100.00	7336521	100.00
一、建筑安装工程费			元	5129874	—	6226319	—	7336521	—
二、设备购置费			元	—	—	—	—	—	—
建筑安装工程费									
直接费	人工费	人工	工日	593	—	690	—	753	—
		措施费分摊	元	13013	—	15794	—	18610	—
		人工费小计	元	31398	0.61	37212	0.60	41961	0.57
	材料费	预制保温管及管件	m	1024.00	—	1024.00	—	1024.00	—
		接口	个	88.00	—	88.00	—	88.00	—
		波纹补偿器	个	13.00	—	13.00	—	13.00	—
		法兰	片	26.00	—	26.00	—	26.00	—
		其他材料费	元	20305	—	24428	—	25546	—
		措施费分摊	元	141512	—	171758	—	202384	—
		材料费小计	元	4171135	81.31	5058667	81.25	5963283	81.28
	机械费	汽车式电动起重机 5t	台班	18.62	—	—	—	—	—
		直流弧焊机 20kW	台班	83.64	—	100.07	—	114.67	—
		超声波探伤机	台班	22.80	—	22.80	—	22.80	—
		汽车式起重机 8t	台班	—	—	20.71	—	25.91	—
		其他机械费	元	2794	—	7460	—	7961	—
		措施费分摊	元	8133	—	9871	—	11631	—
		机械费小计	元	26547	0.52	37112	0.60	43001	0.59
	直接费小计		元	4229080	—	5132992	—	6048245	—
综合费用			元	900794	17.56	1093327	17.56	1288276	17.56
合计			元	5129874	—	6226319	—	7336521	—

2.2.2 地沟敷设管道安装工程

2.2.2.1 蒸汽管道、岩棉保温、波纹补偿器补偿

工程内容：管道除锈、刷防锈漆、保温防水、管道及管件安装、补偿器安装、管道支架制作安装、管道水压试验及水冲洗等。

单位：km

指标编号				8F-151		8F-152		8F-153	
项目			单位	公称直径（mm）					
				80	占指标基价（%）	100	占指标基价（%）	150	占指标基价（%）
指标基价			元	182466	100.00	235583	100.00	363567	100.00
一、建筑安装工程费			元	182466	—	235583	—	363567	—
二、设备购置费			元	—	—	—	—	—	—
建筑安装工程费									
直接费	人工费	人工	工日	562	—	618	—	769	—
		措施费分摊	元	463	—	598	—	922	—
		人工费小计	元	17888	9.80	19765	8.39	24788	6.82
	材料费	钢管及管件	m	1015.00	—	1015.00	—	1015.00	—
		波纹补偿器	个	17.00	—	17.00	—	17.00	—
		法兰	片	34.00	—	34.00	—	34.00	—
		岩棉	m^3	55.70	—	71.80	—	102.30	—
		环氧树脂	kg	332.01	—	379.85	—	467.67	—
		其他材料费	元	18718	—	21099	—	26283	—
		措施费分摊	元	5033	—	6499	—	10029	—
		材料费小计	元	128864	70.62	170289	72.28	269430	74.11
	机械费	直流弧焊机 20kW	台班	20.29	—	24.00	—	35.02	—
		超声波探伤机	台班	6.07	—	6.07	—	6.07	—
		卷扬机（单筒快速）	台班	6.68	—	8.62	—	12.28	—
		其他机械费	元	900	—	923	—	1080	—
		措施费分摊	元	289	—	373	—	576	—
		机械费小计	元	3674	2.01	4161	1.77	5507	1.51
	直接费小计		元	150426	—	194216	—	299726	—
综合费用			元	32041	17.56	41368	17.56	63842	17.56
合计			元	182466	—	235583	—	363567	—

工程内容：管道除锈、刷防锈漆、保温防水、管道及管件安装、补偿器安装、管道支架制作安装、管道水压试验及水冲洗等。

单位：km

指标编号				8F-154		8F-155		8F-156	
项目			单位	公称直径（mm）					
				200	占指标基价（%）	250	占指标基价（%）	300	占指标基价（%）
指标基价			元	472133	100.00	638460	100.00	764217	100.00
一、建筑安装工程费			元	472133	—	638460	—	764217	—
二、设备购置费			元	—	—	—	—	—	—
建筑安装工程费									
直接费	人工费	人工	工日	871	—	1071	—	1219	—
		措施费分摊	元	1198	—	1620	—	1939	—
		人工费小计	元	28216	5.98	34843	5.46	39756	5.20
	材料费	钢管及管件	m	1015.00	—	1024.00	—	1024.00	—
		波纹补偿器	个	15.00	—	15.00	—	—	—
		法兰	片	30.00	—	30.00	—	30.00	—
		岩棉	m^3	125.10	—	163.00	—	184.60	—
		环氧树脂	kg	541.57	—	632.96	—	697.22	—
		其他材料费	元	32948	—	40666	—	48296	—
		措施费分摊	元	13024	—	17612	—	21082	—
		材料费小计	元	355043	75.20	483594	75.74	580490	75.96
	机械费	直流弧焊机 20kW	台班	28.27	—	40.42	—	49.50	—
		超声波探伤机	台班	11.66	—	11.66	—	17.81	—
		卷扬机（单筒快速）	台班	15.01	—	19.56	—	22.15	—
		其他机械费	元	1016	—	1574	—	1773	—
		措施费分摊	元	749	—	1012	—	1212	—
		机械费小计	元	5968	1.26	7911	1.24	9776	1.28
	直接费小计		元	389228	—	526348	—	630022	—
综合费用			元	82906	17.56	112112	17.56	134195	17.56
合计			元	472133	—	638460	—	764217	—

工程内容：管道除锈、刷防锈漆、保温防水、管道及管件安装、补偿器安装、管道支架制作安装、管道水压试验及水冲洗等。

单位：km

指标编号				8F-157		8F-158		8F-159	
项目			单位	公称直径（mm）					
				350	占指标基价（%）	400	占指标基价（%）	450	占指标基价（%）
指标基价			元	875265	100.00	998721	100.00	1140147	100.00
一、建筑安装工程费			元	875265	—	998721	—	1140147	—
二、设备购置费			元	—	—	—	—	—	—
建筑安装工程费									
直接费	人工费	人工	工日	1316	—	1490	—	1675	—
		措施费分摊	元	2220	—	2533	—	2892	—
		人工费小计	元	43047	4.92	48759	4.88	54855	4.81
	材料费	钢管及管件	m	1024.00	—	1024.00	—	1024.00	—
		波纹补偿器	个	14.00	—	14.00	—	14.00	—
		法兰	片	28.00	—	28.00	—	28.00	—
		岩棉	m^3	206.10	—	249.70	—	273.00	—
		环氧树脂	kg	761.12	—	845.73	—	909.99	—
		其他材料费	元	52463	—	61185	—	67288	—
		措施费分摊	元	24145	—	27550	—	31452	—
		材料费小计	元	664257	75.89	758750	75.97	865263	75.89
	机械费	直流弧焊机 20kW	台班	56.62	—	62.29	—	72.42	—
		超声波探伤机	台班	17.81	—	23.02	—	23.02	—
		卷扬机（单筒快速）	台班	24.73	—	29.96	—	32.76	—
		汽车式起重机 5t	台班	7.55	—	7.55	—	11.82	—
		其他机械费	元	2399	—	2464	—	3635	—
		措施费分摊	元	1388	—	1583	—	1808	—
		机械费小计	元	14267	1.63	15840	1.59	19821	1.74
	直接费小计		元	721571	—	823348	—	939940	—
综合费用			元	153695	17.56	175373	17.56	200207	17.56
合计			元	875265	—	998721	—	1140147	—

工程内容：管道除锈、刷防锈漆、保温防水、管道及管件安装、补偿器安装、管道支架制作安装、管道水压试验及水冲洗等。

单位：km

指标编号				8F-160		8F-161		8F-162	
项目			单位	公称直径（mm）					
				500	占指标基价（%）	600	占指标基价（%）	700	占指标基价（%）
指标基价			元	1226586	100.00	1451075	100.00	1840327	100.00
一、建筑安装工程费			元	1226586	—	1451075	—	1840327	—
二、设备购置费			元	—	—	—	—	—	—
建筑安装工程费									
直接费	人工费	人工	工日	1826	—	2112	—	2429	—
		措施费分摊	元	3111	—	3681	—	4668	—
		人工费小计	元	59773	4.87	69227	4.77	80045	4.35
	材料费	钢管及管件	m	1024.00	—	1024.00	—	1024.00	—
		波纹补偿器	个	13.00	—	13.00	—	13.00	—
		法兰	片	26.00	—	26.00	—	26.00	—
		岩棉	m^3	295.90	—	341.00	—	415.90	—
		环氧树脂	kg	972.83	—	1097.78	—	1233.08	—
		其他材料费	元	71551	—	80548	—	99070	—
		措施费分摊	元	33836	—	40029	—	50767	—
		材料费小计	元	930831	75.89	1102142	75.95	1405952	76.40
	机械费	直流弧焊机 20kW	台班	77.16	—	102.96	—	119.55	—
		超声波探伤机	台班	22.80	—	22.80	—	22.80	—
		卷扬机（单筒快速）	台班	35.51	—	40.92	—	49.91	—
		汽车式起重机 5t	台班	11.69	—	14.87	—	15.60	—
		其他机械费	元	3846	—	4418	—	8060	—
		措施费分摊	元	1945	—	2301	—	2918	—
		机械费小计	元	20596	1.68	24901	1.72	31172	1.69
	直接费小计		元	1011201	—	1196270	—	1517170	—
综合费用			元	215386	17.56	254805	17.56	323157	17.56
合计			元	1226586	—	1451075	—	1840327	—

工程内容： 管道除锈、刷防锈漆、保温防水、管道及管件安装、补偿器安装、管道支架制作安装、管道水压试验及水冲洗等。

单位：km

指标编号				8F-163	
项目			单位	公称直径（mm）	
				800	占指标基价（%）
指标基价			元	2091301	100.00
一、建筑安装工程费			元	2091301	—
二、设备购置费			元	—	—
建筑安装工程费					
直接费	人工费	人工	工日	2670	—
		措施费分摊	元	5305	—
		人工费小计	元	88168	4.22
	材料费	钢管及管件	m	1024.00	—
		波纹补偿器	个	12.00	—
		法兰	片	24.00	—
		保温	m^3	464.20	—
		环氧树脂	kg	1356.60	—
		其他材料费	元	109022	—
		措施费分摊	元	57690	—
		材料费小计	元	1598794	76.45
	机械费	直流弧焊机 20kW	台班	134.96	—
		超声波探伤机	台班	22.80	—
		卷扬机（单筒快速）	台班	55.70	—
		汽车式起重机 8t	台班	20.06	—
		其他机械费	元	8232	—
		措施费分摊	元	3316	—
		机械费小计	元	37111	1.77
	直接费小计		元	1724073	—
综合费用			元	367228	17.56
合计			元	2091301	—

2.2.2.2 蒸汽管道、岩棉保温、U 型及自然补偿

工程内容：管道除锈、刷防锈漆、保温防水、管道及管件安装、补偿器安装、管道支架制作安装，管道水压试验及水冲洗等。

单位：km

指标编号				8F-164		8F-165		8F-166	
项目			单位	公称直径（mm）					
				80	占指标基价（%）	100	占指标基价（%）	150	占指标基价（%）
指标基价			元	132057	100.00	163847	100.00	253722	100.00
一、建筑安装工程费			元	132057	—	163847	—	253722	—
二、设备购置费			元	—	—	—	—	—	—
建筑安装工程费									
直接费	人工费	人工	工日	563	—	624	—	793	—
		措施费分摊	元	335	—	416	—	644	—
		人工费小计	元	17798	13.48	19790	12.08	25265	9.96
	材料费	钢管及管件	m	1015.00	—	1015.00	—	1015.00	—
		方型补偿器	个	17.00	—	17.00	—	17.00	—
		保温	m^3	55.70	—	71.80	—	102.30	—
		环氧树脂	kg	332.01	—	379.85	—	467.67	—
		其他材料费	元	18883	—	21364	—	26911	—
		措施费分摊	元	3643	—	4520	—	6999	—
		材料费小计	元	87110	65.96	110674	67.55	177438	69.93
	机械费	直流弧焊机 20kW	台班	24.68	—	31.17	—	50.36	—
		超声波探伤机	台班	6.07	—	6.07	—	6.07	—
		卷扬机（单筒快速）	台班	6.68	—	8.62	—	12.28	—
		其他机械费	元	972	—	1008	—	1187	—
		措施费分摊	元	209	—	260	—	402	—
		机械费小计	元	3960	3.00	4612	2.82	6466	2.55
	直接费小计		元	108868	—	135076	—	209169	—
综合费用			元	23189	17.56	28771	17.56	44553	17.56
合计			元	132057	—	163847	—	253722	—

工程内容：管道除锈、刷防锈漆、保温防水、管道及管件安装、补偿器安装、管道支架制作安装、管道水压试验及水冲洗等。

单位：km

指标编号				8F-167		8F-168		8F-169	
项目			单位	公称直径（mm）					
				200	占指标基价（%）	250	占指标基价（%）	300	占指标基价（%）
指标基价			元	353708	100.00	477282	100.00	559605	100.00
一、建筑安装工程费			元	353708	—	477282	—	559605	—
二、设备购置费			元	—	—	—	—	—	—
建筑安装工程费									
直接费	人工费	人工	工日	891	—	1096	—	1240	—
		措施费分摊	元	897	—	1211	—	1420	—
		人工费小计	元	28540	8.07	35205	7.38	39900	7.13
	材料费	钢管及管件	m	1015.00	—	1024.00	—	1024.00	—
		方型补偿器	个	15.00	—	15.00	—	15.00	—
		岩棉	m^3	125.10	—	163.00	—	184.60	—
		环氧树脂	kg	541.57	—	632.96	—	697.22	—
		其他材料费	元	34041	—	42133	—	49467	—
		措施费分摊	元	9757	—	13166	—	15437	—
		材料费小计	元	256479	72.51	349516	73.23	411107	73.46
	机械费	直流弧焊机 20kW	台班	38.74	—	54.59	—	61.80	—
		超声波探伤机	台班	11.66	—	11.66	—	17.81	—
		卷扬机（单筒快速）	台班	15.01	—	19.56	—	22.15	—
		其他机械费	元	1114	—	1720	—	1831	—
		措施费分摊	元	561	—	757	—	887	—
		机械费小计	元	6579	1.86	8751	1.83	10333	1.85
	直接费小计		元	291598	—	393472	—	461340	—
综合费用			元	62110	17.56	83810	17.56	98265	17.56
合计			元	353708	—	477282	—	559605	—

工程内容： 管道除锈、刷防锈漆、保温防水、管道及管件安装、补偿器安装、管道支架制作安装、管道水压试验及水冲洗等。

单位：km

指标编号				8F-170		8F-171		8F-172	
项目			单位	公称直径（mm）					
				350	占指标基价（%）	400	占指标基价（%）	450	占指标基价（%）
指标基价			元	669479	100.00	783786	100.00	876191	100.00
一、建筑安装工程费			元	669479	—	783786	—	876191	—
二、设备购置费			元	—	—	—	—	—	—
建筑安装工程费									
直接费	人工费	人工	工日	1353	—	1537	—	1729	—
		措施费分摊	元	1698	—	1988	—	2223	—
		人工费小计	元	43667	6.52	49669	6.34	55863	6.38
	材料费	钢管及管件	m	1024.00	—	1024.00	—	1024.00	—
		方型补偿器	个	14.00	—	14.00	—	14.00	—
		岩棉	m^3	206.10	—	249.70	—	273.00	—
		环氧树脂	kg	761.12	—	845.73	—	909.99	—
		其他材料费	元	54292	—	63309	—	69503	—
		措施费分摊	元	18468	—	21621	—	24170	—
		材料费小计	元	492941	73.63	579328	73.91	645325	73.65
	机械费	直流弧焊机 20kW	台班	75.83	—	85.42	—	97.29	—
		超声波探伤机	台班	17.81	—	23.02	—	23.02	—
		卷扬机（单筒快速）	台班	24.73	—	29.96	—	32.76	—
		汽车式起重机 5t	台班	7.35	—	7.35	—	11.55	—
		其他机械费	元	2563	—	2653	—	3820	—
		措施费分摊	元	1061	—	1243	—	1389	—
		机械费小计	元	15311	2.29	17157	2.19	21146	2.41
	直接费小计		元	551920	—	646155	—	722334	—
综合费用			元	117559	17.56	137631	17.56	153857	17.56
合计			元	669479	—	783786	—	876191	—

工程内容：管道除锈、刷防锈漆、保温防水、管道及管件安装、补偿器安装、管道支架制作安装、管道水压试验及水冲洗等。

单位：km

指标编号				8F-173		8F-174		8F-175	
项目			单位	公称直径（mm）					
				500	占指标基价（%）	600	占指标基价（%）	700	占指标基价（%）
指标基价			元	978289	100.00	1203099	100.00	1516810	100.00
一、建筑安装工程费			元	978289	—	1203099	—	1516810	—
二、设备购置费			元	—	—	—	—	—	—
建筑安装工程费									
直接费	人工费	人工	工日	1889	—	2193	—	2504	—
		措施费分摊	元	2482	—	3052	—	3848	—
		人工费小计	元	61089	6.24	71109	5.91	81553	5.38
	材料费	钢管及管件	m	1024.00	—	1024.00	—	1024.00	—
		方型补偿器	个	13.00	—	13.00	—	13.00	—
		岩棉	m^3	295.90	—	341.00	—	415.90	—
		环氧树脂	kg	972.83	—	1097.78	—	1233.08	—
		其他材料费	元	74026	—	83979	—	102710	—
		措施费分摊	元	26987	—	33188	—	41842	—
		材料费小计	元	723267	73.93	893254	74.25	1135026	74.83
	机械费	直流弧焊机 20kW	台班	104.21	—	144.61	—	165.20	—
		超声波探伤机	台班	22.80	—	22.80	—	22.80	—
		卷扬机（单筒快速）	台班	35.51	—	40.92	—	49.91	—
		汽车式起重机 5t	台班	11.44	—	14.56	—	15.60	—
		其他机械费	元	4080	—	4723	—	8227	—
		措施费分摊	元	1551	—	1907	—	2405	—
		机械费小计	元	22148	2.26	27475	2.28	33882	2.23
	直接费小计		元	806504	—	991838	—	1250461	—
综合费用			元	171785	17.56	211261	17.56	266348	17.56
合计			元	978289	—	1203099	—	1516810	—

工程内容：管道除锈、刷防锈漆、保温防水、管道及管件安装、补偿器安装、管道支架制作安装、管道水压试验及水冲洗等。

单位：km

指标编号				8F-176	
项目			单位	公称直径（mm）	
				800	占指标基价（%）
指标基价			元	1725119	100.00
一、建筑安装工程费			元	1725119	—
二、设备购置费			元	—	—
建筑安装工程费					
直接费	人工费	人工	工日	2762	—
		措施费分摊	元	4376	—
		人工费小计	元	90075	5.22
	材料费	钢管及管件	m	1024.00	—
		方型补偿器	个	12.00	—
		岩棉	m^3	464.20	—
		环氧树脂	kg	1356.60	—
		其他材料费	元	113520	—
		措施费分摊	元	47589	—
		材料费小计	元	1291535	74.87
	机械费	直流弧焊机 20kW	台班	186.99	—
		超声波探伤机	台班	22.80	—
		卷扬机（单筒快速）	台班	55.70	—
		汽车式起重机 8t	台班	20.34	—
		其他机械费	元	8660	—
		措施费分摊	元	2735	—
		机械费小计	元	40582	2.35
	直接费小计		元	1422192	—
综合费用			元	302927	17.56
合计			元	1725119	—

2.2.2.3 蒸汽管道、玻璃棉保温、波纹补偿器补偿

工程内容：管道除锈、刷防锈漆、保温防水、管道及管件安装、补偿器安装、管道支架制作安装、管道水压试验及水冲洗等。

单位：km

指标编号				8F-177		8F-178		8F-179	
项目			单位	公称直径（mm）					
				80	占指标基价（%）	100	占指标基价（%）	150	占指标基价（%）
指标基价			元	187154	100.00	247375	100.00	388367	100.00
一、建筑安装工程费			元	187154	—	247375	—	388367	—
二、设备购置费			元	—	—	—	—	—	—
建筑安装工程费									
直接费	人工费	人工	工日	504	—	567	—	709	—
		措施费分摊	元	475	—	627	—	985	—
		人工费小计	元	16126	8.62	18213	7.36	22986	5.92
	材料费	钢管及管件	m	1015.00	—	1015.00	—	1015.00	—
		波纹补偿器	个	17.00	—	17.00	—	17.00	—
		法兰	片	34.00	—	34.00	—	34.00	—
		岩棉	m^3	31.00	—	43.00	—	66.10	—
		环氧树脂	kg	258.11	—	305.95	—	393.41	—
		其他材料费	元	16360	—	18846	—	24227	—
		措施费分摊	元	5163	—	6824	—	10713	—
		材料费小计	元	134683	71.96	181778	73.48	291932	75.17
	机械费	直流弧焊机 20kW	台班	20.29	—	24.00	—	35.02	—
		超声波探伤机	台班	6.07	—	6.07	—	6.07	—
		卷扬机（单筒快速）	台班	3.72	—	5.16	—	7.93	—
		其他机械费	元	900	—	923	—	1080	—
		措施费分摊	元	297	—	392	—	616	—
		机械费小计	元	3481	1.86	3946	1.60	5252	1.35
	直接费小计		元	154290	—	203937	—	320171	—
综合费用			元	32864	17.56	43439	17.56	68196	17.56
合计			元	187154	—	247375	—	388367	—

工程内容：管道除锈、刷防锈漆、保温防水、管道及管件安装、补偿器安装、管道支架制作安装、管道水压试验及水冲洗等。

单位：km

指标编号				8F-180		8F-181		8F-182	
项目			单位	公称直径（mm）					
				200	占指标基价（%）	250	占指标基价（%）	300	占指标基价（%）
指标基价			元	506152	100.00	690118	100.00	825020	100.00
一、建筑安装工程费			元	506152	—	690118	—	825020	—
二、设备购置费			元	—	—	—	—	—	—
建筑安装工程费									
直接费	人工费	人工	工日	811	—	993	—	1139	—
		措施费分摊	元	1284	—	1751	—	2093	—
		人工费小计	元	26444	5.22	32556	4.72	37423	4.54
	材料费	钢管及管件	m	1015.00	—	1024.00	—	1024.00	—
		波纹补偿器	个	15.00	—	15.00	—	15.00	—
		法兰	片	30.00	—	30.00	—	30.00	—
		玻璃棉	m^3	82.60	—	112.90	—	129.00	—
		环氧树脂	kg	467.67	—	558.71	—	623.32	—
		其他材料费	元	31032	—	39063	—	46844	—
		措施费分摊	元	13963	—	19037	—	22759	—
		材料费小计	元	385153	76.09	528793	76.62	633305	76.76
	机械费	直流弧焊机 20kW	台班	28.27	—	40.42	—	49.50	—
		超声波探伤机	台班	11.66	—	11.66	—	17.81	—
		卷扬机（单筒快速）	台班	9.91	—	13.55	—	15.48	—
		其他机械费	元	1016	—	1574	—	1773	—
		措施费分摊	元	802	—	1094	—	1308	—
		机械费小计	元	5676	1.12	7585	1.10	9420	1.14
	直接费小计		元	417273	—	568935	—	680148	—
综合费用			元	88879	17.56	121183	17.56	144872	17.56
合计			元	506152	—	690118	—	825020	—

工程内容： 管道除锈、刷防锈漆、保温防水、管道及管件安装、补偿器安装、管道支架制作安装、管道水压试验及水冲洗等。

单位：km

指标编号				8F-183		8F-184		8F-185	
项目			单位	公称直径（mm）					
				350	占指标基价（%）	400	占指标基价（%）	450	占指标基价（%）
指标基价			元	945344	100.00	1065475	100.00	1215418	100.00
一、建筑安装工程费			元	945344	—	1065475	—	1215418	—
二、设备购置费			元	—	—	—	—	—	—
建筑安装工程费									
直接费	人工费	人工	工日	1235	—	1371	—	1552	—
		措施费分摊	元	2398	—	2703	—	3083	—
		人工费小计	元	40728	4.31	45236	4.25	51238	4.22
	材料费	钢管及管件	m	1024.00	—	1024.00	—	1024.00	—
		波纹补偿器	个	14.00	—	14.00	—	14.00	—
		法兰	片	28.00	—	28.00	—	28.00	—
		玻璃棉	m^3	145.20	—	160.50	—	176.70	—
		环氧树脂	kg	687.23	—	747.56	—	811.82	—
		其他材料费	元	51106	—	58668	—	64871	—
		措施费分摊	元	26078	—	29392	—	33528	—
		材料费小计	元	724733	76.66	817924	76.77	931598	76.65
	机械费	直流弧焊机 20kW	台班	56.62	—	62.29	—	72.42	—
		超声波探伤机	台班	17.81	—	23.02	—	23.02	—
		卷扬机（单筒快速）	台班	17.42	—	19.26	—	21.20	—
		汽车式起重机 5t	台班	7.55	—	7.55	—	11.82	—
		其他机械费	元	2399	—	2464	—	3635	—
		措施费分摊	元	1499	—	1689	—	1927	—
		机械费小计	元	13882	1.47	15220	1.43	19157	1.58
	直接费小计		元	779343	—	878380	—	1001993	—
综合费用			元	166000	17.56	187095	17.56	213425	17.56
合计			元	945344	—	1065475	—	1215418	—

工程内容：管道除锈、刷防锈漆、保温防水、管道及管件安装、补偿器安装、管道支架制作安装、管道水压试验及水冲洗等。

单位：km

指标编号				8F-186		8F-187		8F-188	
项目			单位	公称直径（mm）					
				500	占指标基价（%）	600	占指标基价（%）	700	占指标基价（%）
指标基价			元	1310091	100.00	1584076	100.00	1974610	100.00
一、建筑安装工程费			元	1310091	—	1584076	—	1974610	—
二、设备购置费			元	—	—	—	—	—	—
建筑安装工程费									
直接费	人工费	人工	工日	1699	—	1991	—	2256	—
		措施费分摊	元	3323	—	4018	—	5009	—
		人工费小计	元	56059	4.28	65814	4.15	75025	3.80
	材料费	钢管及管件	m	1024.00	—	1024.00	—	1024.00	—
		波纹补偿器	个	13.00	—	13.00	—	13.00	—
		法兰	片	26.00	—	26.00	—	26.00	—
		玻璃棉	m^3	192.50	—	252.30	—	283.40	—
		环氧树脂	kg	874.65	—	1024.23	—	1134.90	—
		其他材料费	元	69228	—	80248	—	97475	—
		措施费分摊	元	36140	—	43698	—	54471	—
		材料费小计	元	1004096	76.64	1215712	76.75	1522541	77.11
	机械费	直流弧焊机 20kW	台班	77.16	—	102.96	—	119.55	—
		超声波探伤机	台班	22.80	—	22.80	—	22.80	—
		卷扬机（单筒快速）	台班	23.10	—	30.28	—	34.01	—
		汽车式起重机 5t	台班	11.69	—	14.87	—	15.60	—
		其他机械费	元	3846	—	4418	—	7894	—
		措施费分摊	元	2077	—	2511	—	3131	—
		机械费小计	元	19887	1.52	24390	1.54	30307	1.53
	直接费小计		元	1080042	—	1305916	—	1627873	—
综合费用			元	230049	17.56	278160	17.56	346737	17.56
合　计			元	1310091	—	1584076	—	1974610	—

工程内容：管道除锈、刷防锈漆、保温防水、管道及管件安装、补偿器安装、管道支架制作安装、管道水压试验及水冲洗等。

单位：km

指标编号				8F-189	
项目			单位	公称直径（mm）	
				800	占指标基价（%）
指标基价			元	2244163	100.00
一、建筑安装工程费			元	2244163	—
二、设备购置费			元	—	—
建筑安装工程费					
直接费	人工费	人工	工日	2486	—
		措施费分摊	元	5693	—
		人工费小计	元	82843	3.69
	材料费	钢管及管件	m	1024.00	—
		波纹补偿器	个	12.00	—
		法兰	片	24.00	—
		玻璃棉	m^3	318.00	—
		环氧树脂	kg	1258.07	—
		其他材料费	元	107655	—
		措施费分摊	元	61907	—
		材料费小计	元	1731087	77.14
	机械费	直流弧焊机 20kW	台班	134.96	—
		超声波探伤机	台班	22.80	—
		卷扬机（单筒快速）	台班	38.16	—
		汽车式起重机 5t	台班	—	—
		汽车式起重机 8t	台班	20.06	—
		其他机械费	元	8232	—
		措施费分摊	元	3558	—
		机械费小计	元	36164	1.61
	直接费小计		元	1850093	—
综合费用			元	394070	17.56
合计			元	2244163	—

2.2.2.4 蒸汽管道、玻璃棉保温、U型及自然补偿

工程内容：管道除锈、刷防锈漆、保温防水、管道及管件安装、补偿器安装、管道支架制作安装、管道水压试验及水冲洗等。

单位：km

指标编号				8F-190		8F-191		8F-192	
项目			单位	公称直径（mm）					
				80	占指标基价（%）	100	占指标基价（%）	150	占指标基价（%）
指标基价			元	136745	100.00	175639	100.00	278522	100.00
一、建筑安装工程费			元	136745	—	175639	—	278522	—
二、设备购置费			元	—	—	—	—	—	—
建筑安装工程费									
直接费	人工费	人工	工日	506	—	573	—	733	—
		措施费分摊	元	347	—	446	—	707	—
		人工费小计	元	16037	11.73	18238	10.38	23463	8.42
	材料费	钢管及管件	m	1015.00	—	1015.00	—	1015.00	—
		方型补偿器	个	17.00	—	17.00	—	17.00	—
		玻璃棉	m^3	31.00	—	43.00	—	66.10	—
		环氧树脂	kg	258.11	—	305.95	—	393.41	—
		其他材料费	元	16525	—	19112	—	24855	—
		措施费分摊	元	3772	—	4845	—	7683	—
		材料费小计	元	92930	67.96	122163	69.55	199940	71.79
	机械费	直流弧焊机 20kW	台班	24.68	—	31.17	—	50.36	—
		超声波探伤机	台班	6.07	—	6.07	—	6.07	—
		卷扬机（单筒快速）	台班	3.72	—	5.16	—	7.93	—
		其他机械费	元	972	—	1008	—	1187	—
		措施费分摊	元	217	—	278	—	442	—
		机械费小计	元	3766	2.75	4397	2.50	6211	2.23
	直接费小计		元	112733	—	144797	—	229614	—
综合费用			元	24012	17.56	30842	17.56	48908	17.56
合计			元	136745	—	175639	—	278522	—

工程内容： 管道除锈、刷防锈漆、保温防水、管道及管件安装、补偿器安装、管道支架制作安装、管道水压试验及水冲洗等。

单位：km

指标编号				8F-193		8F-194		8F-195	
项目			单位	公称直径（mm）					
				200	占指标基价（%）	250	占指标基价（%）	300	占指标基价（%）
指标基价			元	387726	100.00	528939	100.00	620408	100.00
一、建筑安装工程费			元	387726	—	528939	—	620408	—
二、设备购置费			元	—	—	—	—	—	—
建筑安装工程费									
直接费	人工费	人工	工日	831	—	1018	—	1160	—
		措施费分摊	元	984	—	1342	—	1574	—
		人工费小计	元	26767	6.90	32919	6.22	37567	6.06
	材料费	钢管及管件	m	1015.00	—	1024.00	—	1024.00	—
		方型补偿器	个	15.00	—	15.00	—	15.00	—
		玻璃棉	m^3	82.60	—	112.90	—	129.00	—
		环氧树脂	kg	467.67	—	558.71	—	623.32	—
		其他材料费	元	32125	—	40530	—	48015	—
		措施费分摊	元	10696	—	14591	—	17114	—
		材料费小计	元	286588	73.92	394714	74.62	463922	74.78
	机械费	直流弧焊机 20kW	台班	38.74	—	54.59	—	61.80	—
		超声波探伤机	台班	11.66	—	11.66	—	17.81	—
		卷扬机（单筒快速）	台班	9.91	—	13.55	—	15.48	—
		其他机械费	元	1114	—	1720	—	1831	—
		措施费分摊	元	615	—	839	—	984	—
		机械费小计	元	6287	1.62	8425	1.59	9977	1.61
	直接费小计		元	319643	—	436059	—	511466	—
综合费用			元	68084	17.56	92880	17.56	108942	17.56
合计			元	387726	—	528939	—	620408	—

工程内容：管道除锈、刷防锈漆、保温防水、管道及管件安装、补偿器安装、管道支架制作安装、管道水压试验及水冲洗等。

单位：km

指标编号				8F-196		8F-197		8F-198	
项目			单位	公称直径（mm）					
				350	占指标基价（%）	400	占指标基价（%）	450	占指标基价（%）
指标基价			元	739557	100.00	850539	100.00	951461	100.00
一、建筑安装工程费			元	739557	—	850539	—	951461	—
二、设备购置费			元	—	—	—	—	—	—
建筑安装工程费									
直接费	人工费	人工	工日	1272	—	1418	—	1606	—
		措施费分摊	元	1876	—	2157	—	2413	—
		人工费小计	元	41348	5.59	46147	5.43	52246	5.49
	材料费	钢管及管件	m	1024.00	—	1024.00	—	1024.00	—
		方型补偿器	个	14.00	—	14.00	—	14.00	—
		玻璃棉	m^3	145.20	—	160.50	—	176.70	—
		环氧树脂	kg	687.23	—	747.56	—	811.82	—
		其他材料费	元	52935	—	60792	—	67086	—
		措施费分摊	元	20401	—	23463	—	26247	—
		材料费小计	元	553418	74.83	638503	75.07	711660	74.80
	机械费	直流弧焊机 20kW	台班	75.83	—	85.42	—	97.29	—
		超声波探伤机	台班	17.81	—	23.02	—	23.02	—
		卷扬机（单筒快速）	台班	17.42	—	19.26	—	21.20	—
		汽车式起重机 5t	台班	7.35	—	7.35	—	11.55	—
		其他机械费	元	2563	—	2653	—	3820	—
		措施费分摊	元	1172	—	1348	—	1508	—
		机械费小计	元	14927	2.02	16537	1.94	20481	2.15
	直接费小计		元	609692	—	701187	—	784387	—
综合费用			元	129864	17.56	149353	17.56	167074	17.56
合计			元	739557	—	850539	—	951461	—

工程内容：管道除锈、刷防锈漆、保温防水、管道及管件安装、补偿器安装、管道支架制作安装、管道水压试验及水冲洗等。

单位：km

指标编号				8F-199		8F-200		8F-201	
项目			单位	公称直径（mm）					
				500	占指标基价（%）	600	占指标基价（%）	700	占指标基价（%）
指标基价			元	1061793	100.00	1336100	100.00	1651093	100.00
一、建筑安装工程费			元	1061793	—	1336100	—	1651093	—
二、设备购置费			元	—	—	—	—	—	—
建筑安装工程费									
直接费	人工费	人工	工日	1762	—	2072	—	2331	—
		措施费分摊	元	2693	—	3389	—	4188	—
		人工费小计	元	57374	5.40	67695	5.07	76533	4.64
	材料费	钢管及管件	m	1024.00	—	1024.00	—	1024.00	—
		方型补偿器	个	13.00	—	13.00	—	13.00	—
		玻璃棉	m^3	192.50	—	252.30	—	283.40	—
		环氧树脂	kg	874.65	—	1024.23	—	1134.90	—
		其他材料费	元	71704	—	83679	—	101115	—
		措施费分摊	元	29290	—	36857	—	45547	—
		材料费小计	元	796532	75.02	1006825	75.36	1251615	75.81
	机械费	直流弧焊机 20kW	台班	104.21	—	144.61	—	165.20	—
		超声波探伤机	台班	22.80	—	22.80	—	22.80	—
		卷扬机（单筒快速）	台班	23.10	—	30.28	—	34.01	—
		汽车式起重机 5t	台班	11.44	—	14.56	—	15.60	—
		其他机械费	元	4080	—	4723	—	8227	—
		措施费分摊	元	1683	—	2118	—	2618	—
		机械费小计	元	21439	2.02	26964	2.02	33017	2.00
	直接费小计		元	875345	—	1101484	—	1361165	—
综合费用			元	186448	17.56	234616	17.56	289928	17.56
合计			元	1061793	—	1336100	—	1651093	—

工程内容： 管道除锈、刷防锈漆、保温防水、管道及管件安装、补偿器安装、管道支架制作安装、管道水压试验及水冲洗等。

单位：km

指标编号				8F-202	
项目			单位	公称直径（mm）	
				800	占指标基价（%）
指标基价			元	1877981	100.00
一、建筑安装工程费			元	1877981	—
二、设备购置费			元	—	—
建筑安装工程费					
直接费	人工费	人工	工日	2578	—
		措施费分摊	元	4764	—
		人工费小计	元	84749	4.51
	材料费	钢管及管件	m	1024.00	—
		方型补偿器	个	12.00	—
		玻璃棉	m^3	318.00	—
		环氧树脂	kg	1258.07	
		其他材料费	元	112154	—
		措施费分摊	元	51806	—
		材料费小计	元	1423828	75.82
	机械费	直流弧焊机 20kW	台班	186.99	—
		超声波探伤机	台班	22.80	—
		卷扬机（单筒快速）	台班	38.16	—
		汽车式起重机 8t	台班	20.34	—
		其他机械费	元	8660	—
		措施费分摊	元	2977	—
		机械费小计	元	39634	2.11
	直接费小计		元	1548212	—
综合费用			元	329769	17.56
合计			元	1877981	—

2.2.2.5 凝结水管道、岩棉保温、U型及自然补偿

工程内容： 管道除锈、刷防锈漆、保温防水、管道及管件安装、补偿器安装、管道支架制作安装、管道水压试验及水冲洗等。

单位：km

指标编号				8F-203		8F-204		8F-205	
项目			单位	公称直径（mm）					
				50	占指标基价（%）	65	占指标基价（%）	80	占指标基价（%）
指标基价			元	74083	100.00	87920	100.00	105026	100.00
一、建筑安装工程费			元	74083	—	87920	—	105026	—
二、设备购置费			元	—	—	—	—	—	—
建筑安装工程费									
直接费	人工费	人工	工日	391	—	399	—	466	—
		措施费分摊	元	188	—	223	—	266	—
		人工费小计	元	12327	16.64	12600	14.33	14717	14.01
	材料费	钢管及管件	m	1015.00	—	1015.00	—	1015.00	—
		方型补偿器	个	10.00	—	10.00	—	10.00	—
		岩棉	m^3	13.40	—	15.60	—	24.00	—
		环氧树脂	kg	168.86	—	188.85	—	233.12	—
		其他材料费	元	11740	—	12683	—	14574	—
		措施费分摊	元	2044	—	2425	—	2897	—
		材料费小计	元	46232	62.41	56918	64.74	68616	65.33
	机械费	直流弧焊机 20kW	台班	11.12	—	17.58	—	20.36	—
		超声波探伤机	台班	6.07	—	6.07	—	6.07	—
		卷扬机（单筒快速）	台班	1.61	—	1.87	—	2.88	—
		其他机械费	元	871	—	848	—	853	—
		措施费分摊	元	117	—	139	—	167	—
		机械费小计	元	2515	3.40	2964	3.37	3251	3.10
	直接费小计		元	61074	—	72482	—	86584	—
综合费用			元	13009	17.56	15439	17.56	18442	17.56
合计			元	74083	—	87920	—	105026	—

工程内容：管道除锈、刷防锈漆、保温防水、管道及管件安装、补偿器安装、管道支架制作安装、管道水压试验及水冲洗等。

单位：km

指标编号				8F-206		8F-207		8F-208	
项目			单位	公称直径（mm）					
				100	占指标基价（%）	125	占指标基价（%）	150	占指标基价（%）
指标基价			元	127312	100.00	161127	100.00	200530	100.00
一、建筑安装工程费			元	127312	—	161127	—	200530	—
二、设备购置费			元	—	—	—	—	—	—
建筑安装工程费									
直接费	人工费	人工	工日	501	—	570	—	628	—
		措施费分摊	元	323	—	409	—	509	—
		人工费小计	元	15854	12.45	18083	11.22	19983	9.96
	材料费	钢管及管件	m	1015.00	—	1015.00	—	1015.00	—
		方型补偿器	个	9.00	—	9.00	—	9.00	—
		岩棉	m^3	27.30	—	31.60	—	36.10	—
		环氧树脂	kg	256.33	—	287.39	—	319.52	—
		其他材料费	元	15537	—	17500	—	19312	—
		措施费分摊	元	3512	—	4445	—	5532	—
		材料费小计	元	85574	67.22	110565	68.62	140532	70.08
	机械费	直流弧焊机 20kW	台班	24.93	—	32.53	—	40.28	—
		超声波探伤机	台班	6.07	—	6.07	—	6.07	—
		卷扬机（单筒快速）	台班	3.28	—	3.79	—	4.33	—
		其他机械费	元	761	—	822	—	821	—
		措施费分摊	元	202	—	255	—	318	—
		机械费小计	元	3527	2.77	4186	2.60	4803	2.39
	直接费小计		元	104956	—	132834	—	165318	—
综合费用			元	22356	17.56	28294	17.56	35213	17.56
合计			元	127312	—	161127	—	200530	—

工程内容： 管道除锈、刷防锈漆、保温防水、管道及管件安装、补偿器安装、管道支架制作安装、管道水压试验及水冲洗等。

单位：km

指标编号				8F-209		8F-210		8F-211	
项目			单位	公称直径（mm）					
				200	占指标基价（%）	250	占指标基价（%）	300	占指标基价（%）
指标基价			元	302496	100.00	411537	100.00	486498	100.00
一、建筑安装工程费			元	302496	—	411537	—	486498	—
二、设备购置费			元	—	—	—	—	—	—
建筑安装工程费									
直接费	人工费	人工	工日	753	—	914	—	1049	—
		措施费分摊	元	767	—	1044	—	1234	—
		人工费小计	元	24125	7.98	29420	7.15	33799	6.95
	材料费	钢管及管件	m	1015.00	—	1024.00	—	1024.00	—
		方型补偿器	个	8.00	—	8.00	—	8.00	—
		保温	m^3	57.90	—	69.10	—	80.00	—
		环氧树脂	kg	418.40	—	485.16	—	549.07	—
		其他材料费	元	27063	—	33390	—	40204	—
		措施费分摊	元	8345	—	11353	—	13420	—
		材料费小计	元	220139	72.77	303067	73.64	359131	73.82
	机械费	直流弧焊机 20kW	台班	31.34	—	44.40	—	50.80	—
		超声波探伤机	台班	11.66	—	11.66	—	17.81	—
		卷扬机（单筒快速）	台班	6.95	—	8.29	—	9.60	—
		其他机械费	元	772	—	1304	—	1343	—
		措施费分摊	元	480	—	652	—	771	—
		机械费小计	元	5114	1.69	6784	1.65	8141	1.67
	直接费小计		元	249379	—	339272	—	401070	—
综合费用			元	53118	17.56	72265	17.56	85428	17.56
合计			元	302496	—	411537	—	486498	—

工程内容： 管道除锈、刷防锈漆、保温防水、管道及管件安装、补偿器安装、管道支架制作安装、管道水压试验及水冲洗等。

单位：km

指标编号				8F-212		8F-213	
项目			单位	公称直径（mm）			
				350	占指标基价（%）	400	占指标基价（%）
指标基价			元	584621	100.00	669793	100.00
一、建筑安装工程费			元	584621	—	669793	—
二、设备购置费			元	—	—	—	—
建筑安装工程费							
直接费	人工费	人工	工日	1176	—	1312	—
		措施费分摊	元	1483	—	1699	—
		人工费小计	元	37967	6.49	42422	6.33
	材料费	钢管及管件	m	1024.00	—	1024.00	—
		方型补偿器	个	7.00	—	7.00	—
		岩棉	m^3	108.00	—	120.00	—
		环氧树脂	kg	637.60	—	698.29	—
		其他材料费	元	45636	—	52780	—
		措施费分摊	元	16127	—	18477	—
		材料费小计	元	431074	73.74	495513	73.98
	机械费	直流弧焊机 20kW	台班	60.96	—	68.59	—
		超声波探伤机	台班	17.81	—	23.02	—
		卷扬机（单筒快速）	台班	12.96	—	14.40	—
		汽车式起重机 5t	台班	7.35	—	7.35	—
		其他机械费	元	2102	—	2102	—
		措施费分摊	元	927	—	1062	—
		机械费小计	元	12922	2.21	14244	2.13
	直接费小计		元	481963	—	552179	—
综合费用			元	102658	17.56	117614	17.56
合　计			元	584621	—	669793	—

2.2.2.6 凝结水管道、玻璃棉保温、U 型及自然补偿

工程内容：管道除锈、刷防锈漆、保温防水、管道及管件安装、补偿器安装、管道支架制作安装、管道水压试验及水冲洗等。

单位：km

指标编号				8F-214		8F-215		8F-216	
项目			单位	公称直径（mm）					
				50	占指标基价（%）	65	占指标基价（%）	80	占指标基价（%）
指标基价			元	74869	100.00	89756	100.00	112381	100.00
一、建筑安装工程费			元	74869	—	89756	—	112381	—
二、设备购置费			元	—	—	—	—	—	—
建筑安装工程费									
直接费	人工费	人工	工日	352	—	369	—	441	—
		措施费分摊	元	190	—	228	—	285	—
		人工费小计	元	11107	14.84	11685	13.02	13974	12.43
	材料费	钢管及管件	m	1015.00	—	1015.00	—	1015.00	—
		方型补偿器	个	10.00	—	10.00	—	10.00	—
		玻璃棉	m^3	8.60	—	10.10	—	17.80	—
		环氧树脂	kg	143.87	—	161.72	—	208.49	—
		其他材料费	元	10959	—	11875	—	13953	—
		措施费分摊	元	2065	—	2476	—	3100	—
		材料费小计	元	48138	64.30	59387	66.17	75460	67.15
	机械费	直流弧焊机 20kW	台班	11.12	—	17.58	—	20.36	—
		超声波探伤机	台班	6.07	—	6.07	—	6.07	—
		卷扬机（单筒快速）	台班	1.03	—	1.21	—	2.14	—
		其他机械费	元	871	—	848	—	853	—
		措施费分摊	元	119	—	142	—	178	—
		机械费小计	元	2478	3.31	2922	3.26	3212	2.86
	直接费小计		元	61722	—	73995	—	92647	—
综合费用			元	13147	17.56	15761	17.56	19734	17.56
合计			元	74869	—	89756	—	112381	—

工程内容：管道除锈、刷防锈漆、保温防水、管道及管件安装、补偿器安装、管道支架制作安装、管道水压试验及水冲洗等。

单位：km

指标编号				8F-217		8F-218		8F-219	
项目			单位	公称直径（mm）					
				100	占指标基价（%）	125	占指标基价（%）	150	占指标基价（%）
指标基价			元	136352	100.00	172141	100.00	213732	100.00
一、建筑安装工程费			元	136352	—	172141	—	213732	—
二、设备购置费			元	—	—	—	—	—	—
建筑安装工程费									
直接费	人工费	人工	工日	476	—	544	—	602	—
		措施费分摊	元	346	—	437	—	542	—
		人工费小计	元	15110	11.08	17310	10.06	19219	8.99
	材料费	钢管及管件	m	1015.00	—	1015.00	—	1015.00	—
		方型补偿器	个	9.00	—	9.00	—	9.00	—
		玻璃棉	m^3	20.50	—	23.90	—	27.50	—
		环氧树脂	kg	232.05	—	262.75	—	294.88	—
		其他材料费	元	14958	—	16946	—	18795	—
		措施费分摊	元	3761	—	4749	—	5896	—
		材料费小计	元	93812	68.80	120463	69.98	152228	71.22
	机械费	直流弧焊机 20kW	台班	24.93	—	32.53	—	40.28	—
		超声波探伤机	台班	6.07	—	6.07	—	6.07	—
		卷扬机（单筒快速）	台班	2.46	—	2.87	—	3.30	—
		其他机械费	元	761	—	822	—	821	—
		措施费分摊	元	216	—	273	—	339	—
		机械费小计	元	3486	2.56	4140	2.41	4754	2.22
	直接费小计		元	112409	—	141913	—	176201	—
综合费用			元	23943	17.56	30228	17.56	37531	17.56
合计			元	136352	—	172141	—	213732	—

工程内容：管道除锈、刷防锈漆、保温防水、管道及管件安装、补偿器安装、管道支架制作安装、管道水压试验及水冲洗等。

单位：km

指标编号			单位	8F-220		8F-221		8F-222	
项目			单位	公称直径（mm）					
				200	占指标基价（%）	250	占指标基价（%）	300	占指标基价（%）
指标基价			元	328054	100.00	442912	100.00	523441	100.00
一、建筑安装工程费			元	328054	—	442912	—	523441	—
二、设备购置费			元	—	—	—	—	—	—
建筑安装工程费									
直接费	人工费	人工	工日	730	—	892	—	1026	—
		措施费分摊	元	832	—	1124	—	1328	—
		人工费小计	元	23487	7.16	28788	6.50	33162	6.34
	材料费	钢管及管件	m	1015.00	—	1024.00	—	1024.00	—
		方型补偿器	个	8.00	—	8.00	—	8.00	—
		玻璃棉	m^3	46.50	—	55.80	—	64.80	—
		环氧树脂	kg	393.41	—	460.53	—	524.43	—
		其他材料费	元	26781	—	33228	—	40147	—
		措施费分摊	元	9050	—	12218	—	14440	—
		材料费小计	元	241899	73.74	329623	74.42	390289	74.56
	机械费	直流弧焊机 20kW	台班	31.34	—	44.40	—	50.80	—
		超声波探伤机	台班	11.66	—	11.66	—	17.81	—
		卷扬机（单筒快速）	台班	5.58	—	6.70	—	7.78	—
		其他机械费	元	772	—	1304	—	1343	—
		措施费分摊	元	520	—	702	—	830	—
		机械费小计	元	5062	1.54	6726	1.52	8076	1.54
	直接费小计		元	270449	—	365138	—	431526	—
综合费用			元	57606	17.56	77774	17.56	91915	17.56
合　计			元	328054	—	442912	—	523441	—

工程内容：管道除锈、刷防锈漆、保温防水、管道及管件安装、补偿器安装、管道支架制作安装、管道水压试验及水冲洗等。

单位：km

指标编号				8F-223		8F-224	
项目			单位	公称直径（mm）			
				350	占指标基价（%）	400	占指标基价（%）
指标基价			元	638954	100.00	730589	100.00
一、建筑安装工程费			元	638954	—	730589	—
二、设备购置费			元	—	—	—	—
建筑安装工程费							
直接费	人工费	人工	工日	1156	—	1292	—
		措施费分摊	元	1621	—	1853	—
		人工费小计	元	37492	5.87	41958	5.74
	材料费	钢管及管件	m	1024.00	—	1024.00	—
		方型补偿器	个	7.00	—	7.00	—
		玻璃棉	m^3	90.60	—	100.80	—
		环氧树脂	kg	612.97	—	673.66	—
		其他材料费	元	45933	—	53201	—
		措施费分摊	元	17626	—	20154	—
		材料费小计	元	476397	74.56	546157	74.76
	机械费	直流弧焊机 20kW	台班	60.96	—	68.59	—
		超声波探伤机	台班	17.81	—	23.02	—
		卷扬机（单筒快速）	台班	10.87	—	12.10	—
		汽车式起重机 5t	台班	7.35	—	7.35	—
		其他机械费	元	2102	—	2102	—
		措施费分摊	元	1013	—	1158	—
		机械费小计	元	12867	2.01	14184	1.94
	直接费小计		元	526755	—	602299	—
综合费用			元	112199	17.56	128290	17.56
合计			元	638954	—	730589	—

2.3 阀门井室工程

2.3.1 截 断 井 室

工程内容： 挖土、暂存土、余土外运、混凝土底板浇筑、砌砖墙、抹面、阀门及管道钢套管安装、预制盖板安装、人孔安装、回填土。

单位：座

指 标 编 号				8F-225		8F-226		8F-227	
项 目			单位	公称直径（mm）					
				250	占指标基价（%）	300	占指标基价（%）	350	占指标基价（%）
指 标 基 价			元	13655	100.00	16767	100.00	18680	100.00
一、建筑安装工程费			元	13655	—	16767	—	18680	—
二、设备购置费			元	—	—	—	—	—	—
建筑安装工程费									
直接费	人工费	人工	工日	59	—	65	—	74	—
		措施费分摊	元	35	—	43	—	47	—
		人工费小计	元	1876	13.74	2063	12.31	2353	12.60
	材料费	阀门	个	3.00	—	3.00	—	3.00	—
		法兰	片	6.00	—	6.00	—	6.00	—
		钢筋 ϕ10 以内	t	0.035	—	0.04	—	0.05	—
		水泥	t	0.95	—	1.00	—	1.16	—
		碎石	m^3	1.78	—	1.85	—	2.10	—
		砂	m^3	2.51	—	2.66	—	3.08	—
		标准砖	千块	3.09	—	3.30	—	3.87	—
		铸铁井盖井座	套	2.00	—	2.00	—	2.00	—
		其他材料费	元	1200	—	1266	—	1335	—
		措施费分摊	元	377	—	463	—	515	—
		材料费小计	元	8900	65.18	11138	66.43	12271	65.69
	机械费	自卸汽车 5t	台班	0.70	—	0.78	—	0.99	—
		直流弧焊机 20kW	台班	1.57	—	1.83	—	2.02	—
		汽车式电动起重机 5t	台班	—	—	—	—	0.30	—
		其他机械费	元	112	—	205	—	149	—
		措施费分摊	元	22	—	27	—	30	—
		机械费小计	元	482	3.53	622	3.71	775	4.15
	直接费小计		元	11257	—	13822	—	15400	—
	其中：工艺		元	6912	—	9241	—	10143	—
	土建		元	4345	—	4581	—	5256	—
综合费用			元	2398	17.56	2944	17.56	3280	17.56
合 计			元	13655	—	16767	—	18680	—

工程内容：挖土、暂存土、余土外运、混凝土底板浇筑、砌砖墙、抹面、阀门及管道钢套管安装、预制盖板安装、人孔安装、回填土。

单位：座

指标编号		8F-228		8F-229		8F-230	
项目	单位	公称直径（mm）					
		400	占指标基价（%）	450	占指标基价（%）	500	占指标基价（%）
指标基价	元	22374	100.00	26247	100.00	30859	100.00
一、建筑安装工程费	元	22374	—	26247	—	30859	—
二、设备购置费	元	—	—	—	—	—	—
建筑安装工程费							
直接费 人工费 人工	工日	81	—	82	—	98	—
措施费分摊	元	57	—	67	—	78	—
人工费小计	元	2555	11.42	2624	10.00	3120	10.11
材料费 阀门	个	3.00	—	3.00	—	3.00	—
法兰	片	6.00	—	6.00	—	6.00	—
钢筋 ϕ10 以内	t	0.05	—	0.05	—	0.06	—
水泥	t	1.26	—	1.26	—	1.51	—
碎石	m^3	2.26	—	2.26	—	2.63	—
砂	m^3	3.34	—	3.34	—	3.99	—
标准砖	千块	4.20	—	4.20	—	5.12	—
铸铁井盖井座	套	2.00	—	2.00	—	2.00	—
其他材料费	元	1436	—	1667	—	1777	—
措施费分摊	元	617	—	724	—	851	—
材料费小计	元	15064	67.33	18151	69.15	21236	68.82
机械费 自卸汽车 5t	台班	1.06	—	1.06	—	1.41	—
直流弧焊机 20kW	台班	2.20	—	2.54	—	2.91	—
汽车式电动起重机 5t	台班	0.30	—	0.30	—	0.40	—
其他机械费	元	158	—	165	—	193	—
措施费分摊	元	35	—	42	—	49	—
机械费小计	元	826	3.69	863	3.29	1084	3.51
直接费小计	元	18445	—	21638	—	25440	—
其中：工艺	元	12802	—	15995	—	18704	—
土建	元	5643	—	5643	—	6736	—
综合费用	元	3929	17.56	4609	17.56	5419	17.56
合计	元	22374	—	26247	—	30859	—

工程内容：挖土、暂存土、余土外运、混凝土底板浇筑、砌砖墙、抹面、阀门及管道钢套管安装、预制盖板安装、人孔安装、回填土。

单位：座

指标编号				8F-231		8F-232		8F-233	
项目			单位	公称直径（mm）					
				600	占指标基价（%）	700	占指标基价（%）	800	占指标基价（%）
指标基价			元	41103	100.00	59124	100.00	71191	100.00
一、建筑安装工程费			元	41103	—	59124	—	71191	—
二、设备购置费			元	—	—	—	—	—	—
建筑安装工程费									
直接费	人工费	人工	工日	101	—	129	—	130	—
		措施费分摊	元	104	—	150	—	181	—
		人工费小计	元	3232	7.86	4145	7.01	4220	5.93
	材料费	阀门	个	3.00	—	3.00	—	3.00	—
		法兰	片	6.00	—	6.00	—	6.00	—
		钢筋 ϕ10 以内	t	0.06	—	0.12	—	0.12	—
		水泥	t	1.51	—	2.18	—	2.18	—
		碎石	m^3	2.63	—	4.21	—	4.21	—
		砂	m^3	3.99	—	5.47	—	5.47	—
		标准砖	千块	5.12	—	6.48	—	6.48	—
		铸铁井盖井座	套	2.00	—	2.00	—	2.00	—
		其他材料费	元	2251	—	2348	—	2377	—
		措施费分摊	元	1134	—	1631	—	1964	—
		材料费小计	元	29505	71.78	42969	72.68	52670	73.98
	机械费	自卸汽车 5t	台班	1.41	—	2.25	—	2.25	—
		直流弧焊机 20kW	台班	3.02	—	3.53	—	3.87	—
		汽车式电动起重机 5t	台班	0.50	—	0.60	—	—	—
		汽车式起重机 8t	台班	—	—	—	—	0.70	—
		其他机械费	元	193	—	278	—	293	—
		措施费分摊	元	65	—	94	—	113	—
		机械费小计	元	1149	2.79	1628	2.75	1801	2.53
	直接费小计		元	33885	—	48742	—	58690	—
	其中：工艺		元	27149	—	39740	—	49688	—
	土建		元	6736	—	9002	—	9002	—
综合费用			元	7218	17.56	10382	17.56	12501	17.56
合计			元	41103	—	59124	—	71191	—

工程内容：挖土、暂存土、余土外运、混凝土底板浇筑、砌砖墙、抹面、阀门及管道钢套管安装、预制盖板安装、人孔安装、回填土。

单位：座

指标编号				8F-234		8F-235	
项目			单位	公称直径（mm）			
				900	占指标基价（%）	1000	占指标基价（%）
指标基价			元	94641	100.00	109808	100.00
一、建筑安装工程费			元	94641	—	109808	—
二、设备购置费			元	—	—	—	—
建筑安装工程费							
直接费	人工费	人工	工日	158	—	161	—
		措施费分摊	元	240	—	279	—
		人工费小计	元	5150	5.44	5269	4.80
	材料费	阀门	个	3.00	—	3.00	—
		法兰	片	6.00	—	6.00	—
		钢筋 ϕ10 以内	t	0.14	—	0.14	—
		水泥	t	2.70	—	2.70	—
		碎石	m^3	4.99	—	4.99	—
		砂	m^3	6.87	—	6.87	—
		标准砖	千块	8.41	—	8.41	—
		铸铁井盖井座	套	2.00	—	2.00	—
		其他材料费	元	2455	—	2895	—
		措施费分摊	元	2611	—	3029	—
		材料费小计	元	70662	74.66	82849	75.45
	机械费	自卸汽车 5t	台班	2.96	—	2.96	—
		直流弧焊机 20kW	台班	4.21	—	4.87	—
		汽车式起重机 8t	台班	0.80	—	0.90	—
		其他机械费	元	348	—	426	—
		措施费分摊	元	150	—	174	—
		机械费小计	元	2210	2.34	2408	2.19
	直接费小计		元	78023	—	90526	—
	其中：工艺		元	66831	—	79334	—
	土建		元	11192	—	11192	—
综合费用			元	16619	17.56	19282	17.56
合计			元	94641	—	109808	—

2.3.2 支线井室

工程内容：挖土、暂存土、余土外运、混凝土底板浇筑、砌砖墙、抹面、阀门及管道钢套管安装、预制盖板安装、人孔安装、回填土。

单位：座

指标编号				8F-236		8F-237		8F-238	
项目			单位	公称直径（mm）					
				100	占指标基价（%）	150	占指标基价（%）	200	占指标基价（%）
指标基价			元	8428	100.00	10166	100.00	12016	100.00
一、建筑安装工程费			元	8428	—	10166	—	12016	—
二、设备购置费			元	—	—	—	—	—	—
建筑安装工程费									
直接费	人工费	人工	工日	43	—	49	—	51	—
		措施费分摊	元	21	—	26	—	30	—
		人工费小计	元	1355	16.08	1554	15.29	1628	13.54
	材料费	阀门	个	7.00	—	7.00	—	7.00	—
		法兰	片	10.00	—	10.00	—	10.00	—
		钢筋 ϕ10 以内	t	0.027	—	0.032	—	0.032	—
		水泥	t	0.67	—	0.78	—	0.78	—
		碎石	m^3	1.19	—	1.33	—	1.33	—
		砂	m^3	1.79	—	2.06	—	2.06	—
		标准砖	千块	2.28	—	2.68	—	2.68	—
		铸铁井盖井座	套	1.00	—	1.00	—	1.00	—
		其他材料费	元	872	—	919	—	1028	—
		措施费分摊	元	233	—	280	—	331	—
		材料费小计	元	5306	62.95	6463	63.57	7877	65.55
	机械费	自卸汽车 5t	台班	0.42	—	0.56	—	0.56	—
		直流弧焊机 20kW	台班	0.78	—	1.00	—	1.50	—
		其他机械费	元	75	—	87	—	88	—
		措施费分摊	元	13	—	16	—	19	—
		机械费小计	元	287	3.40	364	3.58	402	3.34
	直接费小计		元	6948	—	8381	—	9906	—
	其中：工艺		元	4065	—	5060	—	6585	—
	土建		元	2883	—	3321	—	3321	—
综合费用			元	1480	17.56	1785	17.56	2110	17.56
合计			元	8428	—	10166	—	12016	—

工程内容：挖土、暂存土、余土外运、混凝土底板浇筑、砌砖墙、抹面、阀门及管道钢套管安装、预制盖板安装、人孔安装、回填土。

单位：座

指标编号				8F-239		8F-240		8F-241	
项目			单位	公称直径（mm）					
				250	占指标基价（%）	300	占指标基价（%）	350	占指标基价（%）
指标基价			元	15531	100.00	18673	100.00	21165	100.00
一、建筑安装工程费			元	15531	—	18673	—	21165	—
二、设备购置费			元	—	—	—	—	—	—
建筑安装工程费									
直接费	人工费	人工	工日	62	—	68	—	77	—
		措施费分摊	元	39	—	47	—	54	—
		人工费小计	元	1954	12.58	2144	11.48	2446	11.56
	材料费	阀门	个	7.00	—	7.00	—	7.00	—
		法兰	片	10.00	—	10.00	—	10.00	—
		钢筋 ϕ10 以内	t	0.035	—	0.04	—	0.05	—
		水泥	t	0.95	—	1.00	—	1.16	—
		碎石	m^3	1.78	—	1.85	—	2.10	—
		砂	m^3	2.51	—	2.66	—	3.08	—
		标准砖	千块	3.09	—	3.30	—	3.87	—
		铸铁井盖井座	套	2.00	—	2.00	—	2.00	—
		其他材料费	元	1325	—	1363	—	1495	—
		措施费分摊	元	428	—	515	—	584	—
		材料费小计	元	10337	66.56	12597	67.46	14189	67.04
	机械费	自卸汽车 5t	台班	0.70	—	0.78	—	0.99	—
		直流弧焊机 20kW	台班	1.96	—	2.22	—	2.48	—
		汽车式电动起重机 5t	台班	—	—	—	—	0.30	—
		其他机械费	元	114	—	207	—	151	—
		措施费分摊	元	25	—	30	—	34	—
		机械费小计	元	513	3.30	653	3.50	813	3.84
	直接费小计		元	12803	—	15394	—	17448	—
	其中：工艺		元	8458	—	10813	—	12192	—
	土建		元	4345	—	4581	—	5256	—
综合费用			元	2727	17.56	3279	17.56	3716	17.56
合计			元	15531	—	18673	—	21165	—

工程内容： 挖土、暂存土、余土外运、混凝土底板浇筑、砌砖墙、抹面、阀门及管道钢套管安装、预制盖板安装、人孔安装、回填土。

单位：座

指标编号				8F-242		8F-243		8F-244	
项目			单位	公称直径（mm）					
				400	占指标基价（%）	450	占指标基价（%）	500	占指标基价（%）
指标基价			元	24859	100.00	28373	100.00	33631	100.00
一、建筑安装工程费			元	24859	—	28373	—	33631	—
二、设备购置费			元	—	—	—	—	—	—
建筑安装工程费									
直接费	人工费	人工	工日	83	—	85	—	101	—
		措施费分摊	元	63	—	72	—	85	—
		人工费小计	元	2648	10.65	2706	9.54	3214	9.56
	材料费	阀门	个	7.00	—	7.00	—	7.00	—
		法兰	片	10.00	—	10.00	—	10.00	—
		钢筋 ϕ10 以内	t	0.05	—	0.05	—	0.06	—
		水泥	t	1.26	—	1.26	—	1.51	—
		碎石	m^3	2.26	—	2.26	—	2.63	—
		砂	m^3	3.34	—	3.34	—	3.99	—
		标准砖	千块	4.20	—	4.20	—	5.12	—
		铸铁井盖井座	套	2.00	—	2.00	—	2.00	—
		其他材料费	元	1596	—	1756	—	1886	—
		措施费分摊	元	686	—	783	—	928	—
		材料费小计	元	16982	68.31	19792	69.76	23395	69.56
	机械费	自卸汽车 5t	台班	1.06	—	1.06	—	1.41	—
		直流弧焊机 20kW	台班	2.67	—	2.88	—	3.26	—
		汽车式电动起重机 5t	台班	0.30	—	0.30	—	0.40	—
		其他机械费	元	160	—	169	—	197	—
		措施费分摊	元	39	—	45	—	53	—
		机械费小计	元	864	3.48	893	3.15	1117	3.32
	直接费小计		元	20494	—	23391	—	27726	—
	其中：工艺		元	14851	—	17748	—	20990	—
	土建		元	5643	—	5643	—	6736	—
综合费用			元	4365	17.56	4982	17.56	5906	17.56
合计			元	24859	—	28373	—	33631	—

工程内容： 挖土、暂存土、余土外运、混凝土底板浇筑、砌砖墙、抹面、阀门及管道钢套管安装、预制盖板安装、人孔安装、回填土。

单位：座

指标编号				8F-245		8F-246	
项目			单位	公称直径（mm）			
				600	占指标基价（%）	700	占指标基价（%）
指标基价			元	42821	100.00	62795	100.00
一、建筑安装工程费			元	42821	—	62795	—
二、设备购置费			元	—	—	—	—
建筑安装工程费							
直接费	人工费	人工	工日	103	—	132	—
		措施费分摊	元	109	—	159	—
		人工费小计	元	3314	7.74	4265	6.79
	材料费	阀门	个	7.00	—	7.00	—
		法兰	片	10.00	—	10.00	—
		钢筋 ϕ10 以内	t	0.06	—	0.12	—
		水泥	t	1.51	—	2.18	—
		碎石	m^3	2.63	—	4.21	—
		砂	m^3	3.99	—	5.47	—
		标准砖	千块	5.12	—	6.48	—
		铸铁井盖井座	套	2.00	—	2.00	—
		其他材料费	元	2051	—	2484	—
		措施费分摊	元	1181	—	1732	—
		材料费小计	元	30817	71.97	45835	72.99
	机械费	自卸汽车 5t	台班	1.41	—	2.25	—
		直流弧焊机 20kW	台班	3.27	—	3.97	—
		汽车式电动起重机 5t	台班	0.50	—	0.60	—
		汽车式起重机 8t	台班	—	—	—	—
		其他机械费	元	197	—	283	—
		措施费分摊	元	68	—	100	—
		机械费小计	元	1172	2.74	1669	2.66
	直接费小计		元	35302	—	51768	—
	其中：工艺		元	28566	—	42766	—
	土建		元	6736	—	9002	—
综合费用			元	7519	17.56	11027	17.56
合计			元	42821	—	62795	—

工程内容：挖土、暂存土、余土外运、混凝土底板浇筑、砌砖墙、抹面、阀门及管道钢套管安装、预制盖板安装、人孔安装、回填土。

单位：座

指标编号				8F-247		8F-248	
项目			单位	公称直径（mm）			
				800	占指标基价（%）	900	占指标基价（%）
指标基价			元	74862	100.00	98501	100.00
一、建筑安装工程费			元	74862	—	98501	—
二、设备购置费			元	—	—	—	—
建筑安装工程费							
直接费	人工费	人工	工日	134	—	162	—
		措施费分摊	元	190	—	250	—
		人工费小计	元	4340	5.80	5281	5.36
	材料费	阀门	个	7.00	—	7.00	—
		法兰	片	10.00	—	10.00	—
		钢筋 ϕ10 以内	t	0.12	—	0.14	—
		水泥	t	2.18	—	2.70	—
		碎石	m^3	4.21	—	4.99	—
		砂	m^3	5.47	—	6.87	—
		标准砖	千块	6.48	—	8.41	—
		铸铁井盖井座	套	2.00	—	2.00	—
		其他材料费	元	2514	—	2457	—
		措施费分摊	元	2065	—	2717	—
		材料费小计	元	55535	74.18	73671	74.79
	机械费	自卸汽车 5t	台班	2.25	—	2.96	—
		直流弧焊机 20kw	台班	4.32	—	4.67	—
		汽车式电动起重机 5t	台班	0.15	—	0.20	—
		汽车式起重机 8t	台班	0.70	—	0.80	—
		其他机械费	元	237	—	273	—
		措施费分摊	元	119	—	156	—
		机械费小计	元	1841	2.46	2252	2.29
	直接费小计		元	61716	—	81205	—
	其中：工艺		元	52714	—	70013	—
	土建		元	9002	—	11192	—
综合费用			元	13146	17.56	17297	17.56
合计			元	74862	—	98501	—

2.3.3 放风泄水井室

工程内容：挖土、暂存土、余土外运、混凝土底板浇筑、砌砖墙、抹面、阀门及管道钢套管安装、预制盖板安装、人孔安装、回填土。

单位：座

指标编号				8F-249		8F-250		8F-251	
项目			单位	公称直径（mm）					
				100	占指标基价（%）	150	占指标基价（%）	200～250	占指标基价（%）
指标基价			元	4676	100.00	5432	100.00	6094	100.00
一、建筑安装工程费			元	4676	—	5432	—	6094	—
二、设备购置费			元	—	—	—	—	—	—
建筑安装工程费									
直接费	人工费	人工	工日	38	—	40	—	41	—
		措施费分摊	元	12	—	14	—	15	—
		人工费小计	元	1189	25.42	1256	23.13	1299	21.32
	材料费	阀门	个	4.00	—	4.00	—	4.00	—
		法兰	片	4.00	—	4.00	—	4.00	—
		钢筋 ϕ10 以内	t	0.034	—	0.039	—	0.039	—
		水泥	t	0.74	—	0.81	—	0.81	—
		碎石	m^3	1.33	—	1.49	—	1.49	—
		砂	m^3	1.93	—	2.07	—	2.07	—
		标准砖	千块	2.42	—	2.53	—	2.53	—
		其他材料费	元	373	—	790	—	855	—
		措施费分摊	元	129	—	150	—	168	—
		材料费小计	元	2427	51.89	2949	54.30	3447	56.56
	机械费	自卸汽车 5t	台班	0.42	—	0.49	—	0.49	—
		直流弧焊机 20kW	台班	0.20	—	0.20	—	0.26	—
		其他机械费	元	73	—	80	—	80	—
		措施费分摊	元	7	—	9	—	10	—
		机械费小计	元	240	5.13	272	5.02	278	4.56
	直接费小计		元	3855	—	4478	—	5024	—
	其中：工艺		元	1229	—	1229	—	1775	—
	土建		元	2626	—	3249	—	3249	—
综合费用			元	821	17.56	954	17.56	1070	17.56
合计			元	4676	—	5432	—	6094	—

工程内容：挖土、暂存土、余土外运、混凝土底板浇筑、砌砖墙、抹面、阀门及管道钢套管安装、预制盖板安装、人孔安装、回填土。

单位：座

指标编号				8F-252		8F-253		8F-254	
项目			单位	公称直径（mm）					
				300	占指标基价（%）	350～450	占指标基价（%）	500	占指标基价（%）
指标基价			元	7568	100.00	7692	100.00	7890	100.00
一、建筑安装工程费			元	7568	—	7692	—	7890	—
二、设备购置费			元	—	—	—	—	—	—
建筑安装工程费									
直接费	人工费	人工	工日	48	—	48	—	49	—
		措施费分摊	元	19	—	20	—	20	—
		人工费小计	元	1519	20.06	1520	19.77	1542	19.55
	材料费	阀门	个	4.00	—	4.00	—	4.00	—
		法兰	片	4.00	—	4.00	—	4.00	—
		钢筋 ϕ10 以内	t	0.04	—	0.04	—	0.04	—
		水泥	t	0.92	—	0.92	—	0.92	—
		碎石	m^3	1.89	—	1.89	—	1.89	—
		砂	m^3	2.32	—	2.32	—	2.32	—
		标准砖	千块	2.61	—	2.61	—	2.61	—
		其他材料费	元	1318	—	1386	—	1522	—
		措施费分摊	元	209	—	212	—	218	—
		材料费小计	元	4364	57.67	4464	58.04	4605	58.37
	机械费	自卸汽车 5t	台班	0.63	—	0.63	—	0.63	—
		直流弧焊机 20kW	台班	0.32	—	0.32	—	0.32	—
		其他机械费	元	103	—	103	—	103	—
		措施费分摊	元	12	—	12	—	13	—
		机械费小计	元	356	4.71	356	4.63	357	4.52
	直接费小计		元	6239	—	6341	—	6504	—
	其中：工艺		元	2237	—	2339	—	2502	—
	土建		元	4003	—	4003	—	4003	—
综合费用			元	1329	17.56	1351	17.56	1385	17.56
合计			元	7568	—	7692	—	7890	—

工程内容： 挖土、暂存土、余土外运、混凝土底板浇筑、砌砖墙、抹面、阀门及管道钢套管安装、预制盖板安装、人孔安装、回填土。

单位：座

指标编号				8F-255		8F-256	
项目			单位	公称直径（mm）			
				600	占指标基价（%）	700	占指标基价（%）
指标基价			元	10049	100.00	10471	100.00
一、建筑安装工程费			元	10049	—	10471	—
二、设备购置费			元	—	—	—	—
建筑安装工程费							
直接费	人工费	人工	工日	57	—	60	—
		措施费分摊	元	25	—	27	—
		人工费小计	元	1797	17.88	1896	18.11
	材料费	阀门	个	4.00	—	4.00	—
		法兰	片	4.00	—	4.00	—
		钢筋 ϕ10 以内	t	0.06	—	0.07	—
		水泥	t	1.15	—	1.20	—
		碎石	m^3	2.50	—	2.66	—
		砂	m^3	2.78	—	2.89	—
		标准砖	千块	2.95	—	3.00	—
		其他材料费	元	1554	—	1693	—
		措施费分摊	元	277	—	289	—
		材料费小计	元	6021	59.91	6237	59.57
	机械费	自卸汽车 5t	台班	0.85	—	0.92	—
		直流弧焊机 20kW	台班	0.43	—	0.43	—
		其他机械费	元	130	—	137	—
		措施费分摊	元	16	—	17	—
		机械费小计	元	467	4.65	499	4.76
	直接费小计		元	8284	—	8632	—
	其中：工艺		元	3612	—	3797	—
	土建		元	4673	—	4835	—
综合费用			元	1765	17.56	1839	17.56
合　计			元	10049	—	10471	—

2.4 热力站及中继泵站工程

2.4.1 热水热力站（板式换热器）

工程特征：单层建筑，砖混结构。热力站内设置换热设备及配套的附属设备安装，配套的工艺管道安装，电缆敷设，控制仪表安装等。

工程内容：热力站工艺、电气、自控、建筑全部工程的设备购置费、安装工程费、建筑工程费。

单位：座

指标编号			单位	8F-257		8F-258		8F-259	
项目				供热面积（建筑面积）					
				5万 m^2	占指标基价（%）	10万 m^2	占指标基价（%）	15万 m^2	占指标基价（%）
指标基价			元	756651	100.00	975509	100.00	1128721	100.00
一、建筑安装工程费			元	352891	—	419309	—	465421	—
二、设备购置费			元	403760	53.36	556200	57.02	663300	58.77
建筑安装工程费									
直接费	人工费	人工	工日	1802	—	1966	—	2113	—
		措施费分摊	元	895	—	1064	—	1181	—
		人工费小计	元	56821	7.51	62066	6.36	66740	5.91
	材料费	钢筋 ϕ10 以内	t	4.49	—	4.61	—	4.75	—
		钢筋 ϕ10 以上	t	3.09	—	3.17	—	3.25	—
		水泥	t	34.43	—	38.57	—	43.39	—
		碎石	m^3	46.84	—	55.27	—	65.22	—
		砂	m^3	87.42	—	96.16	—	110.58	—
		标准砖	千块	59.13	—	63.26	—	68.01	—
		钢材	元	7184	—	7927	—	8531	—
		钢管及管件	元	9764	—	25209	—	33668	—
		保温	元	6692	—	9963	—	12193	—
		阀门及法兰	元	10746	—	17661	—	20716	—
		电力电缆	元	17956	—	21259	—	24351	—
		配管及桥架	元	10167	—	10384	—	10483	—
		其他材料费	元	86106	—	97088	—	106136	—
		措施费分摊	元	9735	—	11567	—	12839	—
		材料费小计	元	219294	28.98	266102	27.28	298775	26.47
	机械费	混凝土搅拌机	台班	3.61	—	4.18	—	4.85	—
		塔式起重机	台班	1.24	—	1.34	—	1.44	—
		载重汽车	台班	2.10	—	2.35	—	2.63	—
		电焊机（综合）	台班	11.33	—	26.80	—	27.08	—
		履带式起重机 15t	台班	3.50	—	3.50	—	3.50	—
		吊装机械（综合）	台班	1.77	—	2.01	—	2.18	—
		直流弧焊机 20kW	台班	10.00	—	10.05	—	10.06	—
		其他机械费	元	10180	—	9739	—	10018	—
		措施费分摊	元	559	—	665	—	738	—
		机械费小计	元	14809	1.96	17511	1.80	18179	1.61
	直接费小计		元	290924	—	345679	—	383694	—
	其中：工艺		元	90701	—	127000	—	142786	—
	电气		元	33599	—	35649	—	41538	—
	自控		元	18178	—	19582	—	20669	—
	土建		元	148446	—	163448	—	178700	—
综合费用			元	61967	8.19	73630	7.55	81727	7.24
合计			元	352891	—	419309	—	465421	—
热力站建筑面积			m^2	180.00	—	200.00	—	220.00	—

工程特征：单层建筑，砖混结构。热力站内设置换热设备及配套的附属设备安装，配套的工艺管道安装，电缆敷设，控制仪表安装等。

工程内容：热力站工艺、电气、自控、建筑全部工程的设备购置费、安装工程费、建筑工程费。

单位：座

指标编号				8F-260		8F-261		8F-262	
项目			单位	供热面积（建筑面积）					
				20万 m^2	占指标基价（%）	25万 m^2	占指标基价（%）	30万 m^2	占指标基价（%）
指标基价			元	1336758	100.00	1468012	100.00	1747191	100.00
一、建筑安装工程费			元	506858	—	551212	—	626091	—
二、设备购置费			元	829900	62.08	916800	62.45	1121100	64.17
建筑安装工程费									
直接费	人工费	人工	工日	2241	—	2591	—	2777	—
		措施费分摊	元	1286	—	1398	—	1588	—
		人工费小计	元	70828	5.30	81793	5.57	87751	5.02
	材料费	钢筋 ϕ10以内	t	4.88	—	5.00	—	5.12	—
		钢筋 ϕ10以上	t	3.33	—	3.41	—	3.49	—
		水泥	t	48.59	—	54.18	—	60.25	—
		碎石	m^3	76.96	—	88.50	—	101.77	—
		砂	m^3	121.64	—	131.37	—	141.99	—
		标准砖	千块	72.77	—	77.50	—	82.42	—
		钢材	元	8778	—	10336	—	11734	—
		钢管及管件	元	41381	—	45028	—	78547	—
		保温	元	12925	—	15614	—	17047	—
		阀门及法兰	元	23432	—	25953	—	28873	—
		电力电缆	元	26990	—	28033	—	31521	—
		配管及桥架	元	10891	—	17975	—	20919	—
		其他材料费	元	114342	—	111135	—	112036	—
		措施费分摊	元	13982	—	15206	—	17271	—
		材料费小计	元	327535	24.50	349082	23.78	403080	23.07
	机械费	混凝土搅拌机	台班	5.63	—	6.53	—	7.56	—
		塔式起重机	台班	1.54	—	1.66	—	1.78	—
		载重汽车	台班	2.95	—	3.30	—	3.69	—
		电焊机（综合）	台班	33.67	—	37.06	—	45.14	—
		履带式起重机 15t	台班	3.50	—	3.50	—	3.50	—
		吊装机械（综合）	台班	2.66	—	3.90	—	4.08	—
		直流弧焊机 20kW	台班	10.15	—	10.21	—	10.26	—
		其他机械费	元	10365	—	13296	—	14024	—
		措施费分摊	元	804	—	874	—	993	—
		机械费小计	元	19492	1.46	23546	1.60	25320	1.45
	直接费小计		元	417855	—	454421	—	516151	—
	其中：工艺		元	160080	—	176936	—	221789	—
	电气		元	44973	—	52066	—	59257	—
	自控		元	22007	—	22464	—	23005	—
	土建		元	190795	—	202954	—	212100	—
综合费用			元	89003	6.66	96792	6.59	109940	6.29
合计			元	506858	—	551212	—	626091	—
热力站建筑面积			m^2	240.00	—	260.00	—	280.00	—

2.4.2 热水热力站（板式换热机组）

工程特征：单层建筑，砖混结构。热力站内设置换热设备及配套的附属设备安装，配套的工艺管道安装，电缆敷设，控制仪表安装。

工程内容：热力站工艺、电气、自控、建筑全部工程的设备购置费、安装工程费、建筑工程费。

单位：座

指标编号				8F-263		8F-264		8F-265	
项目			单位	供热面积（建筑面积）					
				3 万 m^2	占指标基价（%）	5 万 m^2	占指标基价（%）	7 万 m^2	占指标基价（%）
指标基价			元	788567	100.00	901578	100.00	1011791	100.00
一、建筑安装工程费			元	313267	—	361278	—	397491	—
二、设备购置费			元	475300	60.27	540300	59.93	614300	60.71
建筑安装工程费									
直接费	人工费	人工	工日	1436	—	1586	—	1874	—
		措施费分摊	元	795	—	916	—	1008	—
		人工费小计	元	45357	5.75	50146	5.56	59166	5.85
	材料费	钢筋 ϕ10 以内	t	4.36	—	4.49	—	4.61	—
		钢筋 ϕ10 以上	t	2.41	—	3.09	—	3.17	—
		水泥	t	30.20	—	34.43	—	38.57	—
		碎石	m^3	39.03	—	46.84	—	55.27	—
		砂	m^3	74.08	—	87.42	—	96.16	—
		标准砖	千块	54.64	—	59.13	—	63.26	—
		钢材	元	5635	—	6876	—	7061	—
		钢管及管件	元	12307	—	17880	—	18302	—
		保温	元	6320	—	7320	—	7509	—
		阀门及法兰	元	28271	—	29920	—	30079	—
		电力电缆	元	5975	—	8578	—	12146	—
		配管及桥架	元	8425	—	8901	—	10171	—
		其他材料费	元	70266	—	83908	—	91778	—
		措施费分摊	元	8642	—	9966	—	10965	—
		材料费小计	元	200308	25.40	234293	25.99	253056	25.01
	机械费	混凝土搅拌机	台班	3.08	—	3.61	—	4.18	—
		塔式起重机	台班	1.15	—	1.24	—	1.34	—
		载重汽车	台班	1.84	—	2.10	—	2.35	—
		电焊机（综合）	台班	12.41	—	13.08	—	14.48	—
		履带式起重机 15t	台班	3.50	—	3.50	—	3.50	—
		吊装机械（综合）	台班	1.03	—	1.13	—	1.18	—
		直流弧焊机 20kW	台班	9.22	—	9.40	—	9.58	—
		其他机械费	元	6815	—	7257	—	8947	—
		措施费分摊	元	497	—	573	—	630	—
		机械费小计	元	12594	1.60	13400	1.49	15471	1.53
	直接费小计		元	258258	—	297839	—	327692	—
	其中：工艺		元	101791	—	116842	—	124745	—
	电气		元	13183	—	16773	—	21975	—
	自控		元	14410	—	15778	—	17525	—
	土建		元	128875	—	148446	—	163448	—
综合费用			元	55009	6.98	63440	7.04	69798	6.90
合计			元	313267	—	361278	—	397491	—
机组热力站建筑面积			m^2	150.00	—	180.00	—	200.00	—

工程特征：单层建筑，砖混结构。热力站内设置换热设备及配套的附属设备安装，配套的工艺管道安装，电缆敷设，控制仪表安装。

工程内容：热力站工艺、电气、自控、建筑全部工程的设备购置费、安装工程费、建筑工程费。

单位：座

指标编号				8F-266		8F-267		8F-268	
项目			单位	供热面积（建筑面积）					
				10万 m^2	占指标基价（%）	15万 m^2	占指标基价（%）	20万 m^2	占指标基价（%）
指标基价			元	1109459	100.00	1232471	100.00	1336062	100.00
一、建筑安装工程费			元	433159	—	484171	—	526762	—
二、设备购置费			元	676300	60.96	748300	60.72	809300	60.57
建筑安装工程费									
直接费	人工费	人工	工日	2031	—	2156	—	2251	—
		措施费分摊	元	1099	—	1228	—	1336	—
		人工费小计	元	64107	5.78	68142	5.53	71188	5.33
	材料费	钢筋 ϕ10 以内	t	4.61	—	4.75	—	4.88	—
		钢筋 ϕ10 以上	t	3.17	—	3.25	—	3.33	—
		水泥	t	38.57	—	43.39	—	48.59	—
		碎石	m^3	55.27	—	65.22	—	76.96	—
		砂	m^3	96.16	—	110.58	—	121.64	—
		标准砖	千块	63.26	—	68.01	—	72.77	—
		钢材	元	7764	—	7717	—	7647	—
		钢管及管件	元	21471	—	26275	—	39171	—
		保温	元	9145	—	9368	—	9666	—
		阀门及法兰	元	35938	—	34335	—	36161	—
		电力电缆	元	14938	—	19519	—	25116	—
		配管及桥架	元	11874	—	13596	—	13719	—
		其他材料费	元	97266	—	118493	—	122309	—
		措施费分摊	元	11949	—	13356	—	14531	—
		材料费小计	元	275390	24.82	312518	25.36	343135	25.68
	机械费	混凝土搅拌机	台班	4.18	—	4.85	—	5.63	—
		塔式起重机	台班	1.34	—	1.44	—	1.54	—
		载重汽车	台班	2.35	—	2.63	—	2.95	—
		电焊机（综合）	台班	19.52	—	22.56	—	29.64	—
		履带式起重机 15t	台班	3.50	—	3.50	—	3.50	—
		吊装机械（综合）	台班	1.35	—	1.43	—	2.04	—
		直流弧焊机 20kW	台班	9.58	—	9.61	—	9.58	—
		其他机械费	元	10612	—	10962	—	11363	—
		措施费分摊	元	687	—	768	—	835	—
		机械费小计	元	17601	1.59	18492	1.50	19942	1.49
	直接费小计		元	357097	—	399151	—	434264	—
	其中：工艺		元	144779	—	163131	—	178492	—
	电气		元	29786	—	36140	—	41947	—
	自控		元	19083	—	21180	—	23031	—
	土建		元	163448	—	178700	—	190795	—
综合费用			元	76062	6.86	85019	6.90	92498	6.92
合计			元	433159	—	484171	—	526762	—
机组热力站建筑面积			m^2	200.00	—	220.00	—	240.00	—

2.4.3 中继泵站

工程特征： 单层建筑，砖混结构。泵站内设置水泵3台及配套的附属设备安装，配套的工艺管道安装，电缆敷设，控制仪表安装等。

工程内容： 中继泵站工艺、电气、自控、建筑全部工程的设备购置费、安装工程费、建筑工程费。

单位：座

指标编号				8F-269		8F-270	
项目			单位	流量			
				1000t	占指标基价（%）	2000t	占指标基价（%）
指标基价			元	746795	100.00	977739	100.00
一、建筑安装工程费			元	346995	—	463439	—
二、设备购置费			元	399800	53.54	514300	52.60
建筑安装工程费							
直接费	人工费	人工	工日	1633	—	2156	—
		措施费分摊	元	880	—	1176	—
		人工费小计	元	51545	6.90	68075	6.96
	材料费	钢筋 ϕ10以内	t	4.07	—	4.61	—
		钢筋 ϕ10以上	t	2.81	—	3.17	—
		水泥	t	23.97	—	38.57	—
		碎石	m^3	27.11	—	55.27	—
		砂	m^3	60.20	—	96.16	—
		标准砖	千块	48.04	—	63.26	—
		钢材	元	6830	—	6845	—
		钢管及管件	元	22771	—	35030	—
		保温	元	6692	—	9666	—
		阀门及法兰	元	14058	—	18824	—
		电力电缆	元	32040	—	41645	—
		配管及桥架	元	20607	—	21483	—
		其他材料费	元	46426	—	74054	—
		措施费分摊	元	9572	—	12784	—
		材料费小计	元	208687	27.94	285376	29.19
	机械费	混凝土搅拌机	台班	2.29	—	4.18	—
		塔式起重机	台班	0.99	—	1.34	—
		载重汽车	台班	1.48	—	2.35	—
		电焊机（综合）	台班	18.99	—	24.57	—
		履带式起重机 15t	台班	3.50	—	3.50	—
		吊装机械（综合）	台班	1.97	—	2.45	—
		直流弧焊机 20kW	台班	7.03	—	7.06	—
		其他机械费	元	19587	—	20921	—
		措施费分摊	元	550	—	735	—
		机械费小计	元	25831	3.46	28610	2.93
	直接费小计		元	286064	—	382061	—
	其中：工艺		元	109338	—	134554	—
	电气		元	55198	—	66367	—
	自控		元	16903	—	17691	—
	土建		元	104625	—	163448	—
综合费用			元	60932	8.16	81379	8.32
合计			元	346995	—	463439	—
中继泵站建筑面积			m^2	120.00	—	200.00	—

工程特征：单层建筑，砖混结构。泵站内设置水泵3台及配套的附属设备安装，配套的工艺管道安装，电缆敷设，控制仪表安装等。

工程内容：中继泵站工艺、电气、自控、建筑全部工程的设备购置费、安装工程费、建筑工程费。

单位：座

指标编号				8F-271		8F-272	
项目			单位	流量			
				3000t	占指标基价（%）	4000t	占指标基价（%）
指标基价			元	1753662	100.00	2256697	100.00
一、建筑安装工程费			元	584862	—	639147	—
二、设备购置费			元	1168800	66.65	1617550	71.68
建筑安装工程费							
直接费	人工费	人工	工日	2442	—	2694	—
		措施费分摊	元	1484	—	1621	—
		人工费小计	元	77251	4.41	85213	3.78
	材料费	钢筋 ϕ10以内	t	4.88	—	5.12	—
		钢筋 ϕ10以上	t	3.33	—	3.49	—
		水泥	t	48.59	—	60.25	—
		碎石	m^3	76.96	—	101.77	—
		砂	m^3	121.64	—	141.99	—
		标准砖	千块	72.77	—	82.42	—
		钢材	元	7316	—	7331	—
		钢管及管件	元	78699	—	87527	—
		保温	元	14870	—	15614	—
		阀门及法兰	元	31216	—	32700	—
		电力电缆	元	51307	—	56723	—
		配管及桥架	元	16421	—	17121	—
		其他材料费	元	89804	—	96397	—
		措施费分摊	元	16134	—	17631	—
		材料费小计	元	380581	21.70	416176	18.44
	机械费	混凝土搅拌机	台班	5.63	—	7.56	—
		塔式起重机	台班	1.54	—	1.78	—
		载重汽车	台班	2.95	—	3.69	—
		电焊机（综合）	台班	34.02	—	34.22	—
		履带式起重机 15t	台班	3.50	—	3.50	—
		吊装机械（综合）	台班	3.26	—	3.51	—
		直流弧焊机 20kW	台班	6.82	—	6.82	—
		其他机械费	元	15011	—	15414	—
		措施费分摊	元	927	—	1013	—
		机械费小计	元	24330	1.39	25525	1.13
	直接费小计		元	482162	—	526914	—
	其中：工艺		元	196254	—	212548	—
	电气		元	75372	—	81914	—
	自控		元	19741	—	20351	—
	土建		元	190795	—	212100	—
综合费用			元	102700	5.86	112233	4.97
合计			元	584862	—	639147	—
中继泵站建筑面积			m^2	240.00	—	280.00	—

附　　录

附录一　指标含量取定表

1　综合指标工程量含量

附表 1-1　综合指标工程量（民用热水网）

序号	项　目	单位	供热规模（建筑面积）万 m^2									
			100	200	300	400	500	600	700	800	900	1000
1	管线总长度	km	18	24	28	33	40	45	54	60	75	92
2	管径设计范围	*DN*	500~150	600~150	700~150	800~150	800~150	900~150	900~150	1000~150	1000~150	1200~150
3	管道平均管径	*DN*	350	400~350	400	450~400	450~400	450	450	500~450	500~450	500
4	热力站座数	座	10	14	18	27	36	42	50	54	60	68
	其中：5 万 m^2	座	2	3	3	4	6	8	8	8	6	10
	10 万 m^2	座	6	3	3	7	10	11	16	13	17	20
	15 万 m^2	座	2	4	4	8	12	12	14	19	21	18
	20 万 m^2	座		2	3	4	4	4	5	5	7	9
	25 万 m^2	座		1	3	2	2	4	4	5	5	6
	30 万 m^2	座		1	2	2	2	3	3	4	4	5
5	热力站建筑面积	m^2										

附表 1-2　综合指标工程量（民用及工业综合管网）

序号	项　目	单位	供热规模（建筑面积）万 m^2									
			100	200	300	400	500	600	700	800	900	1000
一、民用热水网												
1	管线总长度	km	14	19	24	28	36	40	48	54	67	79
2	管径设计范围	*DN*	450~150	500~150	600~150	700~150	700~150	800~150	800~150	900~150	900~150	1000~150
3	管道平均管径	*DN*	350	350	400~350	400	400	450~400	450~400	450	450	500
4	热力站座数	座	8	13	18	25	33	39	46	49	54	64
	其中：5 万 m^2	座	2	3	3	4	6	7	8	7	6	10
	10 万 m^2	座	4	3	4	7	9	11	13	13	15	20
	15 万 m^2	座	2	4	5	8	12	12	14	17	19	18
	20 万 m^2	座		2	3	3	3	4	5	5	6	8
	25 万 m^2	座		1	2	2	2	3	4	4	5	6
	30 万 m^2	座			1	1	1	2	2	3	3	2
5	热力站建筑面积	m^2										
二、工业热水网												
1	管线总长度	km	4	5	8	10	12	12	14	14	16	16
2	管径设计范围	*DN*	300~100	400~100	400~100	400~100	400~100	400~150	400~150	400~150	400~150	500~200
3	管道平均管径	*DN*	200	250	300~250	300~250	300~250	300~250	300	300	300	400~350

2 土建工程指标含量

附表 1-3 直埋土方工程量（管道有补偿）

有补偿（热水管道双管）直埋土方								
公称直径（mm）	外径 D（mm）	基础数据（mm）			工程量（m^3/km）			
		A	H_1	H_2	挖土方	填砂	回填土	余土外运
100	200	1000	1600	400	2900.80	537.00	2332.70	568.10
150	250	1100	1650	450	3182.10	642.50	2491.00	691.10
200	310	1220	1710	510	3534.90	779.20	2681.00	854.00
250	360	1320	1760	560	3840.90	901.30	2838.70	1002.20
300	420	1440	1820	620	4218.20	1056.70	3024.30	1193.80
350	500	1600	1900	700	4754.30	1282.80	3277.20	1477.10
400	550	1700	1950	750	5102.30	1433.40	3433.80	1668.40
450	600	1800	2000	800	5463.70	1592.20	3591.80	1871.90
500	650	1900	2050	850	5829.60	1756.50	3745.20	2084.40
600	760	2120	2160	960	6685.70	2147.80	4089.90	2595.80
700	850	2300	2250	1050	7430.40	2496.30	4373.70	3056.70
800	950	2500	2350	1150	8286.50	2907.30	4680.50	3606.00
900	1050	2700	2450	1250	9204.90	3354.30	4996.80	4208.00
1000	1150	2900	2550	1350	10166.70	3830.80	5311.70	4855.00
1200	1370	3340	2770	1570	12444.60	4986.60	6004.50	6440.10

注： A——沟底宽；H_1——挖土沟槽深；H_2——填砂沟槽深。

附表 1-4 直埋土方工程量（管道无补偿）

无补偿（热水管道双管）直埋土方								
公称直径（mm）	外径 D（mm）	基础数据（mm）			工程量（m^3/km）			
		A	H_1	H_2	挖土方	填砂	回填土	余土外运
100	200	1200	2800	500	6787.20	801.10	5954.70	832.50
150	250	1300	2850	550	7240.40	930.80	6260.60	979.80
200	310	1420	2900	610	7763.30	1094.10	6591.30	1172.00
250	360	1520	2950	660	8240.80	1219.40	6895.90	1345.00
300	420	1640	3000	720	8790.00	1408.90	7222.10	1567.90
350	500	1800	3050	800	9474.80	1695.00	7583.60	1891.20
400	550	1900	3100	850	9991.30	1871.00	7882.90	2108.40
450	600	2000	3150	900	10519.40	2054.70	8182.10	2337.30
500	650	2100	3200	950	11059.20	2266.30	8481.40	2577.80
600	760	2320	3300	1060	12239.70	2694.60	9091.70	3148.00
700	850	2500	3400	1150	13334.80	3089.30	9678.40	3656.40
800	950	2700	3500	1250	14542.50	3549.70	10276.90	4265.60
900	1050	2900	3600	1350	15796.80	4056.00	10875.40	4921.40
1000	1150	3100	3700	1450	17097.70	4585.70	11473.90	5623.80
1200	1370	3540	3900	1670	19995.30	5859.80	12662.20	7333.10

注：A——沟底宽；H_1——挖土沟槽深；H_2——填砂沟槽深。

附表 1-5　地沟尺寸与敷设管径对应表

单位：m

一、不通行砖砌地沟（03R411-1）

地沟净尺寸（底宽×高）	0.90×0.50	0.90×0.60	1.10×0.70	1.30×0.70	1.40×0.80	1.40×0.90	1.50×1.00	1.60×1.10	1.70×1.20	1.80×1.30
对应敷设主管径（mm）	80	100	150	200	250	300	350	400	450	500
对应敷设凝结水管径（mm）	50	65	80	100	125	150	150	200	200	250

二、半通行砖砌及素混凝土地沟

地沟净尺寸（底宽×高）	1.00×1.20	1.00×1.30	1.10×1.40	1.10×1.50	1.20×1.60	1.30×1.70	1.30×1.70	1.40×1.80	1.40×1.90	1.50×2.10
对应敷设主管径（mm）	80	100	150	200	250	300	350	400	450	500
对应敷设凝结水管径（mm）	50	65	80	100	125	150	150	200	200	250

三、半通行钢筋混凝土地沟

地沟净尺寸（底宽×高）	1.00×1.20	1.00×1.30	1.10×1.40	1.10×1.50	1.20×1.60	1.30×1.70	1.30×1.70	1.40×1.80	1.40×1.90	1.50×2.10	1.90×2.30	2.00×2.40	2.10×2.60
对应敷设主管径（mm）	80	100	150	200	250	300	350	400	450	500	600	700	800
对应敷设凝结水管径（mm）	50	65	80	100	125	150	150	200	200	250	300	350	400

3　蒸汽管道保温厚度取定

附表 1-6　蒸汽管道保温厚度取定

单位：mm

蒸汽管道			凝结水管道		
公称直径（mm）	岩棉	玻璃棉	公称直径（mm）	岩棉	玻璃棉
80	90	60	50	40	30
100	100	70	65	40	30
150	110	80	80	50	30
200	110	80	100	50	40
250	120	90	125	50	40
300	120	90	150	50	40
350	120	90	150	50	40
400	130	90	200	60	40
450	130	90	200	60	40
500	130	90	250	60	40
600	130	100	300	60	50
700	140	100	350	70	50
800	140	100	400	70	50

4 阀门井室工程指标含量

附表 1-7 井室土建净尺寸取定

单位：mm

<table>
<tr><th rowspan="2">管网公称直径（mm）</th><th colspan="3">截断井、支线井</th><th colspan="3">放风井、泄水井</th></tr>
<tr><th>长（*A*）</th><th>宽（*B*）</th><th>高（*H*）</th><th>长（*A*）</th><th>宽（*B*）</th><th>高（*H*）</th></tr>
<tr><td>100</td><td>1600</td><td>1600</td><td>1800</td><td>1400</td><td>2000</td><td>1800</td></tr>
<tr><td>150</td><td rowspan="2">1600</td><td rowspan="2">1800</td><td rowspan="2">2000</td><td rowspan="3">1600</td><td rowspan="3">2000</td><td rowspan="3">1800</td></tr>
<tr><td>200</td></tr>
<tr><td>250</td><td>1900</td><td>1900</td><td>2100</td></tr>
<tr><td>300</td><td>1900</td><td>2000</td><td>2200</td><td rowspan="5">1600</td><td rowspan="5">2300</td><td rowspan="5">1800</td></tr>
<tr><td>350</td><td>2100</td><td>2100</td><td>2400</td></tr>
<tr><td>400</td><td rowspan="2">2100</td><td rowspan="2">2300</td><td rowspan="2">2500</td></tr>
<tr><td>450</td></tr>
<tr><td>500</td><td rowspan="2">2200</td><td rowspan="2">2600</td><td rowspan="2">2800</td></tr>
<tr><td>600</td><td>2000</td><td>2600</td><td>1800</td></tr>
<tr><td>700</td><td rowspan="2">3100</td><td rowspan="2">3100</td><td rowspan="2">2800</td><td>2000</td><td>2800</td><td>1800</td></tr>
<tr><td>800</td><td></td><td></td><td></td></tr>
<tr><td>900</td><td rowspan="2">3300</td><td rowspan="2">3500</td><td rowspan="2">3100</td><td></td><td></td><td></td></tr>
<tr><td>1000</td><td></td><td></td><td></td></tr>
</table>

附表 1-8 截断井室阀门型号及规格

单位：个

名称（型号及规格）	管网公称直径（mm）										
	250	300	350	400	450	500	600	700	800	900	1000
蝶阀 D371X-16C	2	2	2	2	2	2	2	2	2	2	2
循环管闸阀 Z41H-16C *DN*80	1	1									
循环管闸阀 Z41H-16C *DN*100			1	1							
循环管闸阀 Z41H-16C *DN*125					1						
循环管闸阀 Z41H-16C *DN*150						1					
循环管闸阀 Z41H-16C *DN*200							1	1	1	1	
循环管闸阀 Z41H-16C *DN*250											1
阀门数量合计	3	3	3	3	3	3	3	3	3	3	3

注：阀门未注明公称直径的，均与管网公称直径相同。

附表 1-9　支线井室阀门型号及规格

单位：个

名称（型号及规格）	管网公称直径（mm）												
	100	150	200	250	300	350	400	450	500	600	700	800	900
蝶阀 D371X-16C	2	2	2	2	2	2	2	2	2	2	2	2	2
泄水管闸阀 Z41H-16C *DN*40	2												
循环及泄水管闸阀 Z41H-16C *DN*50	1	2											
循环及泄水管闸阀 Z41H-16C *DN*65		1	2										
循环及泄水管闸阀 Z41H-16C *DN*80			1	2	2								
循环及泄水管闸阀 Z41H-16C *DN*100				1	1	2	2	2					
循环及泄水管闸阀 Z41H-16C *DN*125						1	1	1	2	2			
循环及泄水管闸阀 Z41H-16C *DN*150									1	1	2	2	2
循环及泄水管闸阀 Z41H-16C *DN*200											1	1	1
放风管截止阀 J15T-10 *DN*15	2												
放风管截止阀 J15T-10 *DN*20		2											
放风管截止阀 J15T-10 *DN*25			2	2									
放风管截止阀 J15T-10 *DN*32					2	2	2						
放风管截止阀 J15T-10 *DN*40								2					
放风管截止阀 J15T-10 *DN*50									2	2			
放风管截止阀 J15T-10 *DN*65											2	2	
放风管截止阀 J15T-10 *DN*80													2
阀门数量合计	7	7	7	7	7	7	7	7	7	7	7	7	7

注：阀门未注明公称直径的，均与管网公称直径相同。

附表 1-10　放风、泄水井室阀门型号及规格

单位：个

名称（型号及规格）	管网公称直径（mm）							
	100	150	200~250	300	350~450	500	600	700
泄水阀								
Z41T-10 *DN*50	2	2						
Z41T-10 *DN*80			2					
Z41T-10 *DN*100				2	2	2		
Z41T-10 *DN*150							2	2
放风阀								
Z15T-10 *DN*20	2	2						
Z15T-10 *DN*25			2	2				
Z15T-10 *DN*32					2	2		
Z15T-10 *DN*40							2	2
阀门数量合计	4	4	4	4	4	4	4	4

5　热力站及中继泵站工程指标含量

附表 1-11　热力站主要设备（板式换热器）

序号	设备名称	型号及规格	单位	供热规模（供热面积）万 m^2					
				5	10	15	20	25	30
1	板式换热器	BBR0.8X-1.6/150-54	台	2					
2	板式换热器	BBR0.8X-1.6/150-110	台		2				
3	板式换热器	BBR0.8X-1.6/150-150	台			2			
4	板式换热器	BBR0.8X-1.6/150-200	台				2		
5	板式换热器	BBR0.8X-1.6/150-170	台					3	
6	板式换热器	BBR0.8X-1.6/150-200	台						3
7	循环水泵	G=180m^3/h H=28m N=56kW	台	2					
8	循环水泵	G=360m^3/h H=32m N=75kW	台		2				
9	循环水泵	G=500m^3/h H=38m N=90kW	台			2			
10	循环水泵	G=700m^3/h H=42m N=132kW	台				2		
11	循环水泵	G=420m^3/h H=42m N=90kW	台					3	
12	循环水泵	G=500m^3/h H=45m N=110kW	台						3
13	补水泵	40/160-2.2/2 N=2.2kW	台	1	1	1			
14	补水泵	50/160-3/2 N=3kW	台				1	1	1
15	原水加压泵	40/160-2.2/2 N=2.2kW	台	1	1	1	1	1	1
16	钠离子交换器	V=5m^2	台	1					
17	钠离子交换器	V=10m^2	台		1				
18	钠离子交换器	V=15m^2	台			1			
19	钠离子交换器	V=20m^2	台				1		
20	钠离子交换器	V=25m^2	台					1	

续附表 1-11

序号	设备名称	型号及规格	单位	供热规模（供热面积）万 m^2					
				5	10	15	20	25	30
21	钠离子交换器	V=30m^2	台						1
22	除污器	*DN*200	台	1	1				
23	除污器	*DN*250	台	1		1	1		
24	除污器	*DN*300	台		1	1		1	1
25	除污器	*DN*350	台				1	1	1
26	低压配电屏	GGD2	台	2	2	2	2	2	2
27	循环水泵配电箱	变频　*N*=56kW	台	1					
28	循环水泵配电箱	变频　*N*=75kW	台		1				
29	循环水泵配电箱	变频　*N*=90kW	台			1		2	
30	循环水泵配电箱	变频　*N*=132kW	台				1		
31	循环水泵配电箱	变频　*N*=110kW	台						2
32	循环水泵配电箱	软启动　*N*=56kW	台	1					
33	循环水泵配电箱	软启动　*N*=75kW	台		1				
34	循环水泵配电箱	软启动　*N*=90kW	台			1		1	
35	循环水泵配电箱	软启动　*N*=132kW	台				1		
36	循环水泵配电箱	软启动　*N*=110kW	台						1
37	补水泵配电箱	变频　*N*=2.2kW	台	1	1	1			
38	补水泵配电箱	变频　*N*=3kW	台				1	1	1
39	原水加压泵配电箱		台	1	1	1	1	1	1
40	压力变送器		台	5	5	5	5	5	5
41	热电阻	Pt100	支	4	4	4	4	4	4
42	超声波流量计		台	2	2	2	2	2	2
43	电动调节阀		台	1	1	1	1	1	1
44	差压调节阀		台	1	1	1	1	1	1
45	液位变送器	UTD	台	1	1	1	1	1	1
46	控制器		台	1	1	1	1	1	1

附表 1-12　热力站主要设备（板式换热机组）

序号	设备名称	型号及规格	单位	供热规模（供热面积）万 m^2					
				3	5	7	10	15	20
1	板式换热器	*Q* = 2MW	套	1					
2	板式换热器	*Q* = 3MW	套		1				
3	板式换热器	*Q* = 5MW	套			1			
4	板式换热器	*Q* = 8MW	套				1		
5	板式换热器	*Q* = 9MW	套					1	
6	板式换热器	*Q* = 12MW	套						1
7	原水加压泵	40/160-2.2/2 *N*=2.2kW	台	1	1	1	1	1	1
8	钠离子交换器	V=5m^2	台	1					

续附表 1-12

序号	设备名称	型号及规格	单位	供热规模（供热面积）万 m^2					
				3	5	7	10	15	20
9	钠离子交换器	V=6m^2	台		1				
10	钠离子交换器	V=8m^2	台			1			
11	钠离子交换器	V=10m^2	台				1		
12	钠离子交换器	V=15m^2	台					1	
13	钠离子交换器	V=20m^2	台						1
14	除污器	*DN*150	台	1	1				
15	除污器	*DN*200	台	1	1	1	1		
16	除污器	*DN*250	台			1		1	1
17	除污器	*DN*300	台				1	1	
18	除污器	*DN*350	台						1
19	低压配电屏	GGD2	台	2	2	2	2	2	2
20	原水加压泵配电箱		台	1	1	1	1	1	1
21	压力变送器		台	5	5	5	5	5	5
22	热电阻	Pt100	支	4	4	4	4	4	4
23	超声波流量计		台	2	2	2	2	2	2
24	电动调节阀		台	1	1	1	1	1	1
25	差压调节阀		台	1	1	1	1	1	1
26	液位变送器	UTD	台	1	1	1	1	1	1
27	控制器		台	1	1	1	1	1	1

附表 1-13　中继泵站主要设备

序号	设备名称	型号及规格	单位	规模（流量）t			
				1000	2000	3000	4000
1	循环水泵	G=500m^3/h H=32m N=75kW	台	3			
2	循环水泵	G=1000m^3/h H=35m N=90kW	台		3		
3	循环水泵	G=1500m^3/h H=40m N=160kW	台			3	
4	循环水泵	G=2000m^3/h H=40m N=315kW	台				3
5	电动蝶阀	*DN*800	台			3	
6	电动蝶阀	*DN*900	台				3
7	除污器	*DN*300	台	1			
8	除污器	*DN*400	台	1	1		
9	除污器	*DN*500	台		1		
10	液体过滤器	800－2.5Z	台			1	
11	液体过滤器	900－2.5Z	台				1
12	低压配电屏	GGD2	台	2	2	2	2
13	电容补偿屏	GGJ1	台	1	1	1	1
14	循环水泵配电箱	变频　N=75kW	台	2			
15	循环水泵配电箱	变频　N=90kW	台		2		

续附表 1-13

序号	设备名称	型号及规格	单位	规模（流量）t			
				1000	2000	3000	4000
16	循环水泵配电箱	变频　*N*=160kW	台			2	
17	循环水泵配电箱	变频　*N*=315kW	台				2
18	循环水泵配电箱	软启动　*N*=75kW	台	1			
19	循环水泵配电箱	软启动　*N*=90kW	台		1		
20	循环水泵配电箱	软启动　*N*=160kW	台			1	
21	循环水泵配电箱	软启动　*N*=315kW	台				1
22	电磁阀配电箱		台			1	1
23	压力变送器		台	4	4	4	4
24	热电阻	Pt100	支	4	4	4	4
25	电磁流量计		台	1	1	1	1
26	控制器		台	1	1	1	1

附录二　主要材料、机械台班、设备单价取定表

序号	名　称	规格型号	单位	单价（元）
1	预制保温管聚乙烯套管	*DN*100	m	135.00
2	预制保温管聚乙烯套管	*DN*150	m	200.00
3	预制保温管聚乙烯套管	*DN*200	m	300.00
4	预制保温管聚乙烯套管	*DN*250	m	370.00
5	预制保温管聚乙烯套管	*DN*300	m	495.00
6	预制保温管聚乙烯套管	*DN*350	m	630.00
7	预制保温管聚乙烯套管	*DN*400	m	730.00
8	预制保温管聚乙烯套管	*DN*450	m	855.00
9	预制保温管聚乙烯套管	*DN*500	m	970.00
10	预制保温管聚乙烯套管	*DN*600	m	1180.00
11	预制保温管聚乙烯套管	*DN*700	m	1460.00
12	预制保温管聚乙烯套管	*DN*800	m	1830.00
13	预制保温管聚乙烯套管	*DN*900	m	2050.00
14	预制保温管聚乙烯套管	*DN*1000	m	2510.00
15	预制保温管聚乙烯套管	*DN*1200	m	3500.00
16	预制保温管接口	*DN*100	个	250.00
17	预制保温管接口	*DN*150	个	415.00
18	预制保温管接口	*DN*200	个	495.00
19	预制保温管接口	*DN*250	个	590.00
20	预制保温管接口	*DN*300	个	680.00
21	预制保温管接口	*DN*350	个	920.00
22	预制保温管接口	*DN*400	个	1065.00
23	预制保温管接口	*DN*450	个	1275.00
24	预制保温管接口	*DN*500	个	1375.00
25	预制保温管接口	*DN*600	个	1695.00
26	预制保温管接口	*DN*700	个	1960.00
27	预制保温管接口	*DN*800	个	2390.00
28	预制保温管接口	*DN*900	个	2630.00
29	预制保温管接口	*DN*1000	个	2745.00
30	预制保温管接口	*DN*1200	个	2935.00
31	波纹补偿器	ZM16-100-150	个	1360.00
32	波纹补偿器	ZM16-150-150	个	1970.00
33	波纹补偿器	ZM16-200-150	个	2590.00
34	波纹补偿器	ZM16-250-150	个	3260.00
35	波纹补偿器	ZM16-300-150	个	3850.00
36	波纹补偿器	ZM16-350-150	个	4500.00

续表

序号	名　　称	规格型号	单位	单价（元）
37	波纹补偿器	ZM16-400-150	个	4980.00
38	波纹补偿器	ZM16-450-150	个	5570.00
39	波纹补偿器	ZM16-500-150	个	6310.00
40	波纹补偿器	ZM16-600-150	个	7410.00
41	波纹补偿器	ZM16-700-150	个	9970.00
42	波纹补偿器	ZM16-800-150	个	11580.00
43	波纹补偿器	ZM16-900-150	个	12730.00
44	波纹补偿器	ZM16-1000-150	个	14190.00
45	波纹补偿器	ZM16-1200-150	个	16730.00
46	套筒补偿器	SSJ100-1.6/200	个	2890.00
47	套筒补偿器	SSJ150-1.6/200	个	3920.00
48	套筒补偿器	SSJ200-1.6/200	个	4850.00
49	套筒补偿器	SSJ250-1.6/200	个	5920.00
50	套筒补偿器	SSJ300-1.6/200	个	7100.00
51	套筒补偿器	SSJ350-1.6/200	个	8330.00
52	套筒补偿器	SSJ400-1.6/200	个	9550.00
53	套筒补偿器	SSJ450-1.6/200	个	10930.00
54	套筒补偿器	SSJ500-1.6/200	个	12420.00
55	套筒补偿器	SSJ600-1.6/200	个	14260.00
56	套筒补偿器	SSJ700-1.6/200	个	16830.00
57	套筒补偿器	SSJ800-1.6/200	个	19800.00
58	套筒补偿器	SSJ900-1.6/200	个	24890.00
59	套筒补偿器	SSJ1000-1.6/200	个	29320.00
60	套筒补偿器	SSJ1200-1.6/200	个	37490.00
61	套筒补偿器	SSJ100-1.6/150	个	2780.00
62	套筒补偿器	SSJ150-1.6/150	个	3770.00
63	套筒补偿器	SSJ200-1.6/150	个	4680.00
64	套筒补偿器	SSJ250-1.6/150	个	5710.00
65	套筒补偿器	SSJ300-1.6/150	个	6870.00
66	套筒补偿器	SSJ350-1.6/150	个	8090.00
67	套筒补偿器	SSJ400-1.6/150	个	9260.00
68	套筒补偿器	SSJ450-1.6/150	个	10640.00
69	套筒补偿器	SSJ500-1.6/150	个	12070.00
70	套筒补偿器	SSJ600-1.6/150	个	13860.00
71	套筒补偿器	SSJ700-1.6/150	个	16300.00
72	套筒补偿器	SSJ800-1.6/150	个	19170.00
73	套筒补偿器	SSJ900-1.6/150	个	24080.00
74	套筒补偿器	SSJ1000-1.6/150	个	28350.00
75	套筒补偿器	SSJ1200-1.6/150	个	35880.00

续表

序号	名　　称	规格型号	单位	单价（元）
76	预制保温管弯头	DN100	个	350.00
77	预制保温管弯头	DN150	个	590.00
78	预制保温管弯头	DN200	个	1100.00
79	预制保温管弯头	DN250	个	1960.00
80	预制保温管弯头	DN300	个	2400.00
81	预制保温管弯头	DN350	个	2800.00
82	预制保温管弯头	DN400	个	3500.00
83	预制保温管弯头	DN450	个	4200.00
84	预制保温管弯头	DN500	个	4590.00
85	预制保温管弯头	DN600	个	5390.00
86	预制保温管弯头	DN700	个	6370.00
87	预制保温管弯头	DN800	个	7910.00
88	预制保温管弯头	DN 900	个	8890.00
89	预制保温管弯头	DN1000	个	11970.00
90	预制保温管弯头	DN1200	个	13650.00
91	预制保温管聚乙烯套管	DN100	m	145.00
92	预制保温管聚乙烯套管	DN150	m	220.00
93	预制保温管聚乙烯套管	DN200	m	315.00
94	预制保温管聚乙烯套管	DN250	m	390.00
95	预制保温管聚乙烯套管	DN300	m	520.00
96	预制保温管聚乙烯套管	DN350	m	665.00
97	预制保温管聚乙烯套管	DN400	m	765.00
98	预制保温管聚乙烯套管	DN450	m	890.00
99	预制保温管聚乙烯套管	DN500	m	1020.00
100	预制保温管聚乙烯套管	DN600	m	1240.00
101	预制保温管聚乙烯套管	DN700	m	1530.00
102	预制保温管聚乙烯套管	DN800	m	1920.00
103	预制保温管聚乙烯套管	DN900	m	2150.00
104	预制保温管聚乙烯套管	DN1000	m	2635.00
105	预制保温管聚乙烯套管	DN1200	m	3670.00
106	蒸汽钢套钢预制保温管	DN100	m	560.00
107	蒸汽钢套钢预制保温管	DN150	m	750.00
108	蒸汽钢套钢预制保温管	DN200	m	900.00
109	蒸汽钢套钢预制保温管	DN250	m	1200.00
110	蒸汽钢套钢预制保温管	DN300	m	1500.00
111	蒸汽钢套钢预制保温管	DN350	m	1700.00
112	蒸汽钢套钢预制保温管	DN400	m	2000.00
113	蒸汽钢套钢预制保温管	DN450	m	2200.00
114	蒸汽钢套钢预制保温管	DN500	m	2600.00

续表

序号	名　　称	规格型号	单位	单价（元）
115	蒸汽钢套钢预制保温管	*DN*600	m	3400.00
116	蒸汽钢套钢预制保温管	*DN*700	m	4100.00
117	蒸汽钢套钢预制保温管	*DN*800	m	4800.00
118	蒸汽钢套钢直埋接口	*DN*100	m	235.00
119	蒸汽钢套钢直埋接口	*DN*150	m	315.00
120	蒸汽钢套钢直埋接口	*DN*200	m	400.00
121	蒸汽钢套钢直埋接口	*DN*250	m	505.00
122	蒸汽钢套钢直埋接口	*DN*300	m	620.00
123	蒸汽钢套钢直埋接口	*DN*350	m	730.00
124	蒸汽钢套钢直埋接口	*DN*400	m	905.00
125	蒸汽钢套钢直埋接口	*DN*450	m	960.00
126	蒸汽钢套钢直埋接口	*DN*500	m	1115.00
127	蒸汽钢套钢直埋接口	*DN*600	m	1330.00
128	蒸汽钢套钢直埋接口	*DN*700	m	1655.00
129	蒸汽钢套钢直埋接口	*DN*800	m	2045.00
130	蒸汽直埋补偿器	SBZw1.6-80-150	个	2600.00
131	蒸汽直埋补偿器	SBZw1.6-100-150	个	3640.00
132	蒸汽直埋补偿器	SBZw1.6-150-150	个	5820.00
133	蒸汽直埋补偿器	SBZw1.6-200-150	个	7080.00
134	蒸汽直埋补偿器	SBZw1.6-250-150	个	9340.00
135	蒸汽直埋补偿器	SBZw1.6-300-150	个	11720.00
136	蒸汽直埋补偿器	SBZw1.6-350-150	个	14350.00
137	蒸汽直埋补偿器	SBZw1.6-400-150	个	16170.00
138	蒸汽直埋补偿器	SBZw1.6-450-150	个	19220.00
139	蒸汽直埋补偿器	SBZw1.6-500-150	个	21420.00
140	蒸汽直埋补偿器	SBZw1.6-600-150	个	25470.00
141	蒸汽直埋补偿器	SBZw1.6-700-150	个	32740.00
142	蒸汽直埋补偿器	SBZw1.6-800-150	个	40850.00
143	蒸汽钢管	ϕ89×3.5	m	33.21
144	蒸汽钢管	ϕ108×4	m	46.17
145	蒸汽钢管	ϕ159×5	m	85.46
146	蒸汽钢管	ϕ219×6	m	141.84
147	蒸汽钢管	ϕ273×7	m	206.64
148	蒸汽钢管	ϕ325×7	m	247.01
149	蒸汽钢管	ϕ377×7	m	287.42
150	蒸汽钢管	ϕ426×7	m	325.49
151	蒸汽钢管	ϕ478×7	m	365.85
152	蒸汽钢管	ϕ529×7	m	405.50
153	蒸汽钢管	ϕ630×7	m	483.93

续表

序号	名　　称	规格型号	单位	单价（元）
154	蒸汽钢管	ϕ720×8	m	632.07
155	蒸汽钢管	ϕ820×8	m	720.86
156	波纹补偿器	ZM16-80-200	个	1070.00
157	波纹补偿器	ZM16-100-200	个	1430.00
158	波纹补偿器	ZM16-150-200	个	2070.00
159	波纹补偿器	ZM16-200-200	个	2720.00
160	波纹补偿器	ZM16-250-200	个	3425.00
161	波纹补偿器	ZM16-300-200	个	4050.00
162	波纹补偿器	ZM16-350-200	个	4725.00
163	波纹补偿器	ZM16-400-200	个	5230.00
164	波纹补偿器	ZM16-450-200	个	5850.00
165	波纹补偿器	ZM16-500-200	个	6630.00
166	波纹补偿器	ZM16-600-200	个	7780.00
167	波纹补偿器	ZM16-700-200	个	10470.00
168	波纹补偿器	ZM16-800-200	个	12160.00
169	蝶阀	D341X-16C *DN*100	个	870.00
170	蝶阀	D341X-16C *DN*150	个	1120.00
171	蝶阀	D341X-16C *DN*200	个	1520.00
172	蝶阀	D341X-16C *DN*250	个	2100.00
173	蝶阀	D341X-16C *DN*300	个	2950.00
174	蝶阀	D341X-16C *DN*350	个	3100.00
175	蝶阀	D341X-16C *DN*400	个	4110.00
176	蝶阀	D341X-16C *DN*450	个	5130.00
177	蝶阀	D341X-16C *DN*500	个	5805.00
178	蝶阀	D341X-16C *DN*600	个	8820.00
179	蝶阀	D341X-16C *DN*700	个	14625.00
180	蝶阀	D341X-16C *DN*800	个	18900.00
181	蝶阀	D341X-16C *DN*900	个	26334.00
182	蝶阀	D371X-16C *DN*1000	个	30690.00
183	闸阀	Z41H-16C *DN*40	个	210.00
184	闸阀	Z41H-16C *DN*50	个	268.00
185	闸阀	Z41H-16C *DN*65	个	343.00
186	闸阀	Z41H-16C *DN*80	个	441.00
187	闸阀	Z41H-16C *DN*100	个	566.00
188	闸阀	Z41H-16C *DN*125	个	749.00
189	闸阀	Z41H-16C *DN*150	个	1004.00
190	闸阀	Z41H-16C *DN*200	个	1439.00
191	闸阀	Z41H-16C *DN*250	个	2286.00
192	闸阀	Z41H-16C *DN*300	个	3329.00

续表

序号	名　　称	规格型号	单位	单价（元）
193	闸阀	Z41H-16C *DN*350	个	4824.00
194	闸阀	Z41H-16C *DN*400	个	6941.00
195	闸阀	Z41H-16C *DN*450	个	9720.00
196	闸阀	Z41H-16C *DN*500	个	13200.00
197	闸阀	Z15T-10 *DN*20	个	20.00
198	闸阀	Z15T-10 *DN*25	个	26.00
199	闸阀	Z15T-10 *DN*32	个	40.00
200	闸阀	Z15T-10 *DN*40	个	52.00
201	截止阀	J15T-10 *DN*15	个	18.00
202	截止阀	J15T-10 *DN*20	个	25.00
203	截止阀	J15T-10 *DN*25	个	32.00
204	截止阀	J15T-10 *DN*32	个	40.00
205	截止阀	J15T-10 *DN*40	个	55.00
206	截止阀	J15T-10 *DN*50	个	70.00
207	截止阀	J15T-10 *DN*65	个	120.00
208	截止阀	J15T-10 *DN*80	个	180.00
209	平焊法兰	*DN*40	片	25.71
210	平焊法兰	*DN*50	片	33.56
211	平焊法兰	*DN*65	片	42.84
212	平焊法兰	*DN*80	片	46.31
213	平焊法兰	*DN*100	片	59.26
214	平焊法兰	*DN*125	片	79.76
215	平焊法兰	*DN*150	片	104.04
216	平焊法兰	*DN*200	片	137.80
217	平焊法兰	*DN*250	片	214.40
218	平焊法兰	*DN*300	片	247.25
219	平焊法兰	*DN*350	片	324.16
220	平焊法兰	*DN*400	片	431.36
221	平焊法兰	*DN*450	片	528.00
222	平焊法兰	*DN*500	片	725.00
223	平焊法兰	*DN*600	片	968.00
224	平焊法兰	*DN*700	片	1047.00
225	平焊法兰	*DN*800	片	1244.00
226	平焊法兰	*DN*900	片	1615.00
227	平焊法兰	*DN*1000	片	2042.00
228	平焊法兰	*DN*1200	片	3108.00
229	钢筋	ϕ10 以内	t	3450.00
230	钢筋	ϕ10 以外	t	3550.00
231	商品混凝土	C10	m^3	262.24

续表

序号	名　　称	规格型号	单位	单价（元）
232	商品混凝土	C15	m^3	277.24
233	商品混凝土	C20	m^3	292.24
234	商品混凝土	C25	m^3	307.24
235	商品混凝土	C30	m^3	327.24
236	抗渗混凝土	C25	m^3	392.24
237	抗渗混凝土	C30	m^3	412.24
238	型钢	综合	t	3400.00
239	焊接钢管	综合	t	4500.00
240	标准砖		千块	290.00
241	中砂		t	29.63
242	中砂		m^3	43.26
243	砂砾		m^3	54.45
244	碎石、块石		m^3	57.80
245	水泥	综合	t	350.00
246	板方材		m^3	1452.00
247	木模板		m^3	1144.00
248	岩棉		m^3	270.27
249	玻璃棉		m^3	810.00
250	环氧树脂	综合	t	27180.00
251	自卸汽车	5t	台班	345.81
252	轮胎式装载机		台班	434.45
253	机动翻斗车		台班	111.82
254	履带式单斗挖掘机		台班	728.06
255	履带式推土机		台班	545.44
256	混凝土搅拌机		台班	110.61
257	滚筒式混凝土搅拌机		台班	92.48
258	汽车式起重机	5t	台班	402.49
259	汽车式起重机	8t	台班	509.61
260	汽车式起重机	12t	台班	674.73
261	汽车式起重机	16t	台班	848.49
262	直流弧焊机	20kW	台班	66.94
263	超声波探伤机		台班	110.92
264	载重汽车		台班	352.20
265	电焊机	综合	台班	66.38
266	履带式起重机	15t	台班	535.10
267	吊装机械	综合	台班	440.68
268	板式换热器	BBR0.8X-1.6/150-54	台	38880.00
269	板式换热器	BBR0.8X-1.6/150-110	台	79200.00
270	板式换热器	BBR0.8X-1.6/150-150	台	108000.00

续表

序号	名　称	规格型号	单位	单价（元）
271	板式换热器	BBR0.8X-1.6/150-180	台	129600.00
272	板式换热器	BBR0.8X-1.6/150-155	台	111600.00
273	板式换热器	BBR0.8X-1.6/150-185	台	133200.00
274	循环水泵	$G = 180m^3/h$ H=28m N=56kW	台	27000.00
275	循环水泵	$G = 360m^3/h$ H=32m N=75kW	台	38000.00
276	循环水泵	$G = 500m^3/h$ H=38m N=90kW	台	45000.00
277	循环水泵	$G = 700m^3/h$ H=42m N=132kW	台	80000.00
278	循环水泵	$G = 420m^3/h$ H=42m N=90kW	台	43000.00
279	循环水泵	$G = 500m^3/h$ H=45m N=110kW	台	75000.00
280	补水泵	40/160-2.2/2 N=2.2kW	台	2200.00
281	补水泵	50/160-3/2 N=3kW	台	2600.00
282	原水加压泵	40/160-2.2/2 N=2.2kW	台	2200.00
283	钠离子交换器	$V=5m^2$	台	45000.00
284	钠离子交换器	$V=10m^2$	台	70000.00
285	钠离子交换器	$V=15m^2$	台	90000.00
286	钠离子交换器	$V=20m^2$	台	100000.00
287	钠离子交换器	$V=25m^2$	台	110000.00
288	钠离子交换器	$V=30m^2$	台	120000.00
289	除污器	*DN*200	台	6000.00
290	除污器	*DN*250	台	8000.00
291	除污器	*DN*300	台	10000.00
292	除污器	*DN*350	台	11000.00
293	低压配电屏	GGD2	台	20000.00
294	循环水泵配电箱	变频　N=56kW	台	44800.00
295	循环水泵配电箱	变频　N=75kW	台	60000.00
296	循环水泵配电箱	变频　N=90kW	台	72000.00
297	循环水泵配电箱	变频　N=132kW	台	105600.00
298	循环水泵配电箱	变频　N=110kW	台	88000.00
299	循环水泵配电箱	软启动　N=56kW	台	22400.00
300	循环水泵配电箱	软启动　N=75kW	台	30000.00
301	循环水泵配电箱	软启动　N=90kW	台	31500.00
302	循环水泵配电箱	软启动　N=132kW	台	39600.00
303	循环水泵配电箱	软启动　N=110kW	台	33000.00
304	补水泵配电箱	变频　N=2.2kW	台	3300.00
305	补水泵配电箱	变频　N=3kW	台	3600.00
306	原水加压泵配电箱	变频　N=2.2kW	台	3300.00
307	压力变送器		台	5000.00
308	热电阻	Pt100	支	1200.00
309	超声波流量计		台	20000.00

续表

序号	名　称	规格型号	单位	单价（元）
310	电动调节阀		台	15000.00
311	差压调节阀		台	3000.00
312	液位变送器	UTD	台	5000.00
313	控制器		台	2000.00
314	板式换热机组	$Q=2$MW	套	280000.00
315	板式换热机组	$Q=3$MW	套	340000.00
316	板式换热机组	$Q=5$MW	套	400000.00
317	板式换热机组	$Q=8$MW	套	450000.00
318	板式换热机组	$Q=9$MW	套	500000.00
319	板式换热机组	$Q=12$MW	套	550000.00
320	原水加压泵	40/160-2.2/2 N=2.2kW	台	2200.00
321	钠离子交换器	V=5m^2	台	45000.00
322	钠离子交换器	V=6m^2	台	50000.00
323	钠离子交换器	V=8m^2	台	60000.00
324	钠离子交换器	V=10m^2	台	70000.00
325	钠离子交换器	V=15m^2	台	90000.00
326	钠离子交换器	V=20m^2	台	100000.00
327	除污器	DN150	台	4000.00
328	除污器	DN200	台	6000.00
329	除污器	DN250	台	8000.00
330	除污器	DN300	台	10000.00
331	除污器	DN350	台	11000.00
332	低压配电屏	GGD2	台	20000.00
333	原水加压泵配电箱	变频　N=2.2kW	台	3300.00
334	压力变送器		台	5000.00
335	热电阻	Pt100	支	1200.00
336	超声波流量计		台	20000.00
337	电动调节阀		台	15000.00
338	差压调节阀		台	3000.00
339	液位变送器	UTD	台	5000.00
340	控制器		台	2000.00
341	循环水泵	G=500m^3/h H=32m N=75kW	台	42000.00
342	循环水泵	G=1000m^3/h H=35m N=90kW	台	70000.00
343	循环水泵	G=1500m^3/h H=40m N=160kW	台	130000.00
344	循环水泵	G=2000m^3/h H=40m N=315kW	台	220000.00
345	电动蝶阀	DN800	台	120000.00
346	电动蝶阀	DN900	台	90000.00
347	除污器	DN300	台	10000.00
348	除污器	DN400	台	12000.00

续表

序号	名　称	规格型号	单位	单价（元）
349	除污器	*DN*500	台	15000.00
350	液体过滤器	800－2.5Z	台	56000.00
351	液体过滤器	900－2.5Z	台	63000.00
352	低压配电屏	GGD2	台	20000.00
353	电容补偿屏	GGJ1	台	20000.00
354	循环水泵配电箱	变频　*N*=75kW	台	60000.00
355	循环水泵配电箱	变频　*N*=90kW	台	72000.00
356	循环水泵配电箱	变频　*N*=160kW	台	120000.00
357	循环水泵配电箱	变频　*N*=315kW	台	220500.00
358	循环水泵配电箱	软启动　*N*=75kW	台	30000.00
359	循环水泵配电箱	软启动　*N*=90kW	台	31500.00
360	循环水泵配电箱	软启动　*N*=160kW	台	48000.00
361	循环水泵配电箱	软启动　*N*=315kW	台	78750.00
362	电磁阀配电箱		台	3000.00
363	压力变送器		台	5000.00
364	热电阻	Pt100	台	1200.00
365	电磁流量计		台	15000.00
366	控制器		台	2000.00

附录三　编制集中供热热力网工程投资估算应用案例

1　综合指标应用案例

例：某市拟建一城市集中供热热力网工程。

设计条件：供热规模 600 万 m^2，直埋敷设，间接连接，民用热水网。

当时当地的主要材料价格及各项费用如下：

预制保温管（*DN*450）：1100 元/m；波纹补偿器（DN450）：7000 元/个；型钢：3800 元/t；钢筋 ϕ10 以内：3900 元/t；钢筋 ϕ10 以外：4000 元/t；水泥：400 元/t；标准砖：350 元/千块；人工工日：40 元/工日。

经测算，当时当地的综合费用费率为 26%，工程建设其他费用为 12%。未列出的材料、机械等价格均采用指标价格。

一、建筑安装工程费计算：

（一）查本分册综合指标 8Z-006，换价见下表。

换价表

序号	名　　称	单位	数量	某地现行价	
				单价（元）	合计（元）
1	人工	工日	—	—	8982080
	措施费分摊	元	224552	40	407782
	人工费小计	元	—	—	9389862
2	钢筋 ϕ10 以内	t	198.51	3900	774189
	钢筋 ϕ10 以上	t	136.02	4000	544080
	混凝土	t	2601.07	292.24	760137
	标准砖	千块	2833.36	350	991676
	钢材	t	84.15	3800	319770
	热水预制保温管	m	92160.00	1100	101376000
	补偿器	个	1080.00	7000	7560000
	热力站管道	元	—	—	1340704
	阀门及法兰	元	—	—	812990
	电缆	元	—	—	984364
	其他材料费	元	—	—	31251725
	措施费分摊	元	—	—	4436450
	材料费小计	元	—	—	151152085
3	自卸汽车 5t	台班	5406.00	380	2054280
	履带式推土机	台班	441.00	600	264600
	直流弧焊机 20kW	台班	6878.00	70	481460
	其他机械费	元	—	—	2325217
	措施费分摊	元	—	—	254974
	机械费小计	元	—	—	5380531
	调整后的直接费	元	—	—	165922478
	调整后的综合费用	元	—	—	43139844
一	调整后的建筑安装工程费	元	—	—	209062322
二	调整后的设备购置费	元	—	—	30423778
三	调整后的工程建设其他费用	元	—	—	28738332
四	基本预备费	元	—	—	21457955
五	指标总造价（600 万 m^2）	元	—	—	289682387

（二）其他材料费、机械费、综合费用计算。

1. 其他材料费=指标其他材料费×$\frac{调整后的主要材料费}{指标（材料费小计-其他材料费-材料费中措施费分摊）}$

$$=24667870\times\frac{115463910}{120249082-24667870-4436450}=31251725（元）$$

2. 其他机械费=指标其他机械费×$\frac{调整后的主要机械费}{指标（机械费小计-其他机械费-机械费中措施费分摊）}$

$$=2134061\times\frac{2800340}{4959158-2134061-254974}=2325217（元）$$

3. 综合费用：综合费用费率为26%。

综合费用=调整后的直接费×综合费用费率

=165922478×26%=43139844（元）

建筑安装工程费的计算：

建筑安装工程费=调整后的直接费+综合费用

=165922478+43139844=209062322（元）

二、设备购置费的计算：经调查，设备购置费上涨幅度为10%。

设备购置费=27657980×（1+10%）=30423778（元）

三、工程建设其他费用计算：工程建设其他费用费率为12%。

工程建设其他费用=调整后的（建筑安装工程费+设备购置费）×工程建设其他费用费率

=（209062322+30423778）×12%=28738332（元）

四、基本预备费计算：基本预备费费率取定为8%。

基本预备费=调整后的（建筑安装工程费+设备购置费+工程建设其他费用）×基本预备费费率

=（209062322+30423778+28738332）×8%=21457955（元）

五、指标总造价计算：

指标总造价=调整后的（建筑安装工程费+设备购置费+工程建设其他费用+基本预备费）

=209062322+30423778+28738332+21457955=289682387（元）

2　分项指标应用案例

例：某市集中供热热力网工程。

设计条件：热水管道，预制保温管，波纹补偿器补偿，机械挖土直埋敷设，管径为DN450，管线长度为2.3km。

当时当地的主要材料价格及各项费用如下：预制保温管（DN450）：1100元/m；波纹补偿器（DN450）：7000元/个；型钢：3800元/t；钢筋ϕ10以内：3900元/t；钢筋ϕ10以外：4000元/t；水泥：400元/t；标准砖：350元/千块；人工工日：40元/工日。

经测算，当时当地的综合费用费率为 26%，工程建设其他费用为 12%。

未列出的材料、机械等价格及费用均采用指标价格及费用。

一、直埋土方工程费计算：

（一） 查本分册分项指标 8F－023，换价见下表。

换价表

单位：km

序号	项目	单位	数量	某地现行价	
				单价（元）	合计（元）
1	人工	工日	1994	40	79760
	措施费分摊	元	—	—	690
	人工费小计	元	—	—	80450
2	钢筋 ϕ10 以内	t	0.38	3900	1482
	钢筋 ϕ10 以外	t	1.49	4000	5960
	混凝土	t	17.53	292.24	5123
	碎石	m^3	43.21	57.80	2498
	砂	m^3	1857.10	43.26	80338
	其他材料费	元			2398
	措施费分摊	元			7501
	材料费小计	元			105300
3	自卸汽车 5t	台班	120.13	380	45649
	履带式单斗挖掘机	台班	10.86	800	8688
	履带式推土机	台班	9.79	600	5874
	其他机械费	元		—	2189
	措施费分摊	元	—	—	431
	机械费小计	元	—	—	62831
	调整后的直接费	元	—	—	248581
	综合费用	元	—	—	64631
一	调整后的建筑安装工程费（1km）	元	—		313212

（二）其他材料费、机械费、综合费用计算。

1. 其他材料费=指标其他材料费×$\frac{\text{调整后的主要材料费}}{\text{指标(材料费小计－其他材料费-材料费中措施费分摊)}}$

$$=2376\times\frac{95401}{104399-2376-7501}=2398（元）$$

2. 其他机械费=指标其他机械费×$\frac{\text{调整后的主要机械费}}{\text{指标(机械费小计－其他机械费-机械费中措施费分摊)}}$

$$=1992\times\frac{60211}{57211-1992-431}=2189（元）$$

3. 综合费用：综合费用费率为 26%。

综合费用=调整后的直接费×综合费用费率

=248581×26%=64631（元）

每公里直埋土方工程费的计算：

每公里直埋土方工程费=调整后的直接费+综合费用

=248581+64631=313212（元）

直埋土方工程费的计算：

直埋土方工程费=每公里直埋土方工程费×总长度

=313212×2.3=720387（元）

二、管道安装工程费计算：

（一）查本分册分项指标 8F-101，换价见下表。

换价表

单位：km

序号	项　　目	单位	数量	某地现行价	
				单价（元）	合计（元）
1	人工	工日	1017	40	40680
	措施费分摊	元	—	—	7297
	人工费小计	元	—	—	47977
2	预制保温管及管件	m	2048	1100	2252800
	接口	个	176	1275	224400
	波纹补偿器	个	24	7000	168000
	法兰	片	48	528	25344
	其他材料费	元	—	—	47555
	措施费分摊	元	—	—	79359
	材料费小计	元	—	—	2797458
3	汽车式电动起重机 5t	台班	29.02	420	12188
	直流弧焊机 20kW	台班	143.44	70	10041
	超声波探伤机	台班	46.03	150	6905
	其他机械费	元	—	—	5269
	措施费分摊	元	—	—	4561
	机械费小计	元	—	—	38963
	调整后的直接费	元	—	—	2884398
	综合费用	元	—	—	749944
一	调整后的建筑安装工程费（1km）	元	—	—	3634342

（二）其他材料费、机械费、综合费用计算。

1. 其他材料费=指标其他材料费×$\dfrac{\text{调整后的主要材料费}}{\text{指标(材料费小计}-\text{其他材料费}-\text{材料费中措施费分摊)}}$

$$=38798\times\frac{2670544}{2297081-38798-79359}=47555\text{（元）}$$

2. 其他机械费=指标其他机械费×$\dfrac{\text{调整后的主要机械费}}{\text{指标(机械费小计}-\text{其他机械费}-\text{机械费中措施费分摊)}}$

$$=4772\times\frac{29134}{35718-4772-4561}=5269\text{（元）}$$

3. 综合费用：综合费用费率为 26%。

综合费用=调整后的直接费×综合费用费率

=2884398×26%=749944（元）

每公里管道安装工程费的计算：

每公里管道安装工程费=调整后的直接费+综合费用

=2884398+749944=3634342（元）

管道安装工程费的计算：

管道安装工程费=每公里建筑安装工程费×总长度

=3634342×2.3=8358987（元）

三、建筑安装工程费计算：

建筑安装工程费=直埋土方工程费+管道安装工程费

=720387+8358987=9079374（元）

本册主编单位： 辽宁省建设工程造价管理总站

沈阳市热力工程设计研究院

本册参编单位： 中国市政工程东北设计研究院

中国市政工程华北设计研究院

本册主要编写人员： 王慧颖　吴宏伟　李　晗　孟　燕　马丽凤

祝恩茂　郭志华　王　昕　陈　宁　石　刚

孙　薇　郑会君　王　阳　吕　建　孙幼平

朱　颖　董　阳　徐成高　栾晓伟　王传荣

黄寿山

综合组成员： 胡传海　徐金泉　王海宏　胡晓丽　白洁如

李艳海　刘　军　刘　智　李永芳　白树华

张东海　龚伟中　王　梅　刘　运　陆勇雄

陈益梁　刘　洁　温鄂生　金春平　吴宏伟

王慧颖　陈建民